国家自然科学基金（52004118）资助

采空区应力重分布的
采厚效应及调控机制研究

石占山　郝建峰　秦　冰　房胜杰 / 著

中国矿业大学出版社

·徐州·

内 容 提 要

本书综合运用理论分析、相似材料模拟试验、数值模拟、现场实测等方法,对工作面采空区应力重分布的采厚效应及调控机制进行了研究,并进行了工程应用。本书分为7章,包括:绪论,采空区应力重分布影响因素分析,开采厚度影响采空区应力重分布试验研究,开采厚度调控采空区应力分布机理研究,开采厚度调控采空区底板变形破坏规律研究,开采厚度应力调控在保护层开采中的应用,非全煤保护层最小有效保护开采厚度确定。

本书可供采矿工程、安全工程等专业的研究人员以及高等院校相关专业师生参考使用。

图书在版编目(C I P)数据

采空区应力重分布的采厚效应及调控机制研究 / 石占山等著.—徐州 :中国矿业大学出版社,2022.6
ISBN 978 - 7 - 5646 - 5384 - 2

Ⅰ.①采… Ⅱ.①石… Ⅲ.①采空区－应力分布－研究 Ⅳ.①TD325

中国版本图书馆 CIP 数据核字(2022)第073568号

书　　名	采空区应力重分布的采厚效应及调控机制研究	
著　　者	石占山　郝建峰　秦　冰　房胜杰	
责任编辑	满建康	
出版发行	中国矿业大学出版社有限责任公司	
	(江苏省徐州市解放南路　邮编221008)	
营销热线	(0516)83885370　83884103	
出版服务	(0516)83995789　83884920	
网　　址	http://www.cumtp.com　**E-mail**:cumtpvip@cumtp.com	
印　　刷	徐州中矿大印发科技有限公司	
开　　本	787 mm×1092 mm　1/16　**印张** 9.5　**字数** 186 千字	
版次印次	2022 年 6 月第 1 版　2022 年 6 月第 1 次印刷	
定　　价	50.00 元	

(图书出现印装质量问题,本社负责调换)

前　言

当前我国存在较多的采空区,随着对空间资源认识的深入,采空区综合利用受到重视。获取采空区应力分布规律是采空区综合利用的基础,采空区应力分布与工作面开采参数密切相关,通过调整开采参数调控采空区应力分布能够进一步提高采空区的利用水平。同时开采卸压工程中涉及卸压值的调整,通过调整采空区应力分布实现底板特定区域的有效卸压能够提高卸压开采效率。实现对采空区应力分布的调控,需要建立开采影响因素与应力分布的关系,开采因素中采高为影响岩层运移的主要变量,因此开展采高影响应力分布规律的研究,具有广泛的适用性,能够为不同采高开采条件下采空区利用评价提供指导。

全书共 7 章,第 1 章综述了采场应力调整技术、采空区应力重分布规律、采场围岩变形规律、采空区应力在底板的传递规律研究现状。第 2 章分析了影响采场应力调整的主要开采因素,并解释了应力演化及在底板传递的时空效应,确定了开采因素中开采厚度调控的可行性。第 3 章开展了开采厚度对采空区应力重分布影响的相似材料模拟试验研究,分别以沙曲矿 22201 工作面、辛安矿 1402 工作面、大安山矿＋400 水平轴 10 槽工作面为工程背景,得到了不同开采厚度相同地质条件及不同开采厚度不同地质条件下,覆岩移动变形范围演化规律及采空区应力重分布规律,揭示了开采厚度影响采空区应力重分布的机制,以及不同开采厚度下采空区应力在底板传递的时空演化规律。第 4 章主要研究了以开采厚度为变量的采空区应力重分布计算方法,给出了上覆岩层对采空区作用力的计算模型,并提出了垮落带、裂隙带、弯曲下沉带作用力计算模型参数的选取方法,建立了开采厚度与采空区应力重分布的关系,得到开采厚度控制采空区应力分布机理。第 5 章建立了不同开采厚度采空区应力分布及其在底板传递规律的数值计算模型,利用 FLAC3D 进行了不同采厚条件下的数值模拟研究,得到了不同开采厚度条件下工作面开采初期与压实稳定时期采空区应力分布规律、底板应力传递规律及底板位移演化规律,并得到了不同开采厚度底板岩层变形及破坏分布规律。第 6 章对开采厚度影响应力重分布进行了实践应用,选取保护层开采工程背景,分析了保护层有效卸压层间距的确定方法,提出了底板卸压有效临界值的计算方法,基于卸压有效值及不同开采厚度采空区应力分布计算,得到了不同开采厚度对应的卸压有效层间距确定方法。第 7 章利用建立的理论计算模型对红阳三矿不同开采厚度对应的采空区应力分布进行了计算,并基于采空区应力分布得到了不同层间距底板岩层应力分布,结合有效层间距判定准则,给出了红阳三矿 3 煤不同开采厚度条件下对应的卸压有效层间距,确定了非全煤保护层的有效保护的最小开采厚度。

　　由于作者的水平所限,书中难免存在不足之处,敬请批评指正。

著 者

2022 年 5 月

目　　录

1　绪　　论

1.1　引言

我国是煤炭生产大国也是煤炭消费大国,随着国家对能源消费结构的调整,2017 年我国煤炭消费在能源消费总比重中下降至 60％,可见当前煤炭消费在我国能源消费总量中仍然占有大量份额[1]。随着我国煤炭清洁利用技术的发展,以及煤炭绿色开采技术的日趋成熟,未来煤炭消费将逐渐由数量上的增长向利用率增长转变,煤炭开采将更加注重与生态环境的协调发展,更加注重开采效率的提升,煤炭绿色高效开采对煤炭开采技术提出了更高的要求。

随着我国煤炭产量的增加,当前我国存在大量的采出空间,采出空间的利用与采空区应力分布密切相关,同时采空区应力分布也影响了整个采场底板岩层的应力分布规律,当前我国高瓦斯矿井数量较多且随着采深增加呈逐年上升趋势。这些矿井大多分布于我国贵州、云南、安徽、河南、山西等地,其中大部分地区煤层属于低透气性煤层。采用开采卸压实现煤与瓦斯共采是一项有效途径,上述应用均需要对开采调控采空区应力分布机制进行研究。

煤层开采引起应力重分布,实质是通过开采引起围岩移动变形,使采场围岩应力发生转移,致使部分区域卸压,而部分区域增压。采场围岩应力重分布涉及顶底板移动变形规律及不同岩层间的相互作用关系,因此在开采设计中需要对采动引起的围岩移动变形影响参数以及各参数之间的相互影响关系进行研究。影响应力重分布的因素有开采区域地质影响因素及开采技术影响因素两部分,通常地质影响因素改变较难实现,而通过改变开采技术因素实现对应力调控易于实现。如保护层设计时,选用表 1-1 中经验公式进行选择,而该经验公式中参数单一,未能体现保护层开采技术因素对围岩应力的影响。而实践研究表明,对于保护层开采,通过调整开采技术因素,如增加开采厚度及改变卸压层间距的方法能够对被保护层卸压作用的增加起到一定效果[2],但当前对于开采技术因素选取的理论依据存在着不足。

表 1-1　经验条件下保护层开采有效间距　　　　单位:m

煤层类型	上解放层	下解放层
急倾斜煤层	<60	<80
缓倾斜、倾斜煤层	<50	<100

　　开采技术因素的选择与煤层赋存条件相关,如部分突出煤层需要进行应力调整时,其邻近非突出煤层作为保护层开采卸压效果不足时,或不具备可采保护层时,需要采取增加开采厚度、改变工作面布置长度、调整顶板管理方法等手段调控采场应力,改善被保护层的卸压作用;也可以选取保护层周围一定范围软岩层进行开采,改变层间距达到采场应力调控的目的。开采技术因素的选取依据是卸压能够满足要求,且使开采破岩量尽量减小。因此,需要得到考虑开采因素影响的采空区应力分布规律调控方法,进而实现对应力分布的精确调整。

1.2　国内外研究现状

1.2.1　采场应力调控技术研究现状

　　目前,国内外主要通过区域综合防突措施和局部综合防突措施来解决煤与瓦斯突出问题。《防治煤与瓦斯突出细则》要求防治突出工作要坚持区域综合防突措施先行、局部综合防突措施补充的原则。区域防突措施应当优先选取保护层开采,有条件的矿井,也可将软岩层作为保护层来开采。

　　在保护层开采过程中,围岩逐渐向采空区空间内移动,上覆煤岩层的应力、应变状态不断变化,在被保护层卸压区域内地应力随之降低,被保护层出现一定的膨胀变形,上覆岩层竖直方向裂缝逐渐发育,然后在一定距离内相互贯通,最终与工作面保护层的采空区相连通,构成煤层内的瓦斯流动通道。随着被保护层的卸压,煤层瓦斯压力降低、煤的力学强度提高,因此能够降低或消除煤层突出危险性[3-6],煤层的卸压作用是引起其他变化的主因,起到决定性作用,除了消突,另一个主要的作用就是提高煤层透气性,以利于瓦斯抽采。因此,保护层开采常常针对性采取瓦斯抽采措施,大大提高抽采效率[7-8]。

　　苏联是最早使用保护层开采技术的国家之一,为了研究保护层开采的卸压保护作用机理和保护有效性范围展开了大量的现场试验和室内实验;随后,德国、法国和波兰等国家也先后采取保护层开采技术来防治煤与瓦斯突出灾害[9]。Airuni[10]分析了下保护层开采条件下,保护层开采参数与上覆煤层卸压规律相互关联,并得出卸压后煤层内瓦斯运移抽采规律。Whittles 等[11] 研究了煤层开采后上覆岩层裂隙发育规律及瓦斯渗流特征,构建了应力与渗透率的相互关系。

从 1958 年开始,我国在重庆、北票等矿区先后进行保护层开采试验研究,在保护层开采基础理论、保护范围计算、保护效果检验、被保护层瓦斯抽采等方面的研究成果丰硕[12]。程远平、夏红春等[13-15] 根据数值计算与现场试验等相结合的方法,研究了远距离下保护层开采下煤层的应力、位移演化规律,研究发现保护层开采会引起被保护层煤体产生一定的膨胀变形量,促进裂隙的产生、发育,增大煤层透气性,提高瓦斯抽采率。刘洪永等[16-18] 研究了保护层开采作用下方被保护层的卸压机理,综合分析了保护效果影响因素及保护层开采的影响规律,影响因素包括:煤层回采参数、保护层开采厚度、相对层间距、层间硬岩层等,提出了采用当量相对层间距作为分类指标的保护层分类的新方法;并结合理想弹脆塑性模型和内切圆准则,构建了采动煤岩体弹脆塑性损伤本构模型,并给出了数值格式,提出了保护层开采效果及被保护层卸压瓦斯抽采效果的预测方法。王海锋等[19-20] 为解决被保护层的保护范围小于保护层工作面开采范围的技术难题,提出了采用密集钻孔抽采走向上扩界区瓦斯,在倾向方向上采取两个保护层共同保护一个被保护层工作面的方法;针对远距离的倾斜下保护层开采,提出了让保护层开采深度向下延伸来实现同水平被保护层的保护效果;通过研究采用底抽巷穿层钻孔方法抽采被保护层瓦斯时发现,被保护层卸压瓦斯是否涌入保护层工作面取决于瓦斯流动中的沿程阻力,要使瓦斯流动阻力减小,达到被保护层内卸压瓦斯沿抽采钻孔涌向保护层的目的,应使穿层钻孔间距适当减小,使瓦斯抽采率提高。

胡国忠、王宏图等[21-24] 根据俯伪斜采煤方法的特性,分析了瓦斯压力赋存特征,研究得出了随保护层工作面推进瓦斯压力的变化规律,确定出了保护层的开采范围,以及被保护层的卸压区域;同时,根据数值计算与现场实地考察试验相综合的研究方法,分析了急倾斜俯伪斜上保护层开采作用下的被保护煤层卸压演化规律,对俯伪斜上保护层开采卸压瓦斯的抽采相关参数进行了优化设计;在此研究成果基础上,解决了残余瓦斯压力这一传统的保护层开采保护范围判别准则在现场应用中的局限性,提出了一种新的极限瓦斯压力判别准则来判定保护层开采保护区域;并结合煤体渗透率与孔隙度的动态变化数学模型,构建了有限变形下的煤与瓦斯突出的气固动态耦合失稳模型,提出了采用极限瓦斯压力值作为保护层开采保护范围有效性判定值的判别准则。依据固气耦合基础理论,孙培德[25] 建立了上保护层开采过程中被保护层内卸压瓦斯的越流数学模型,并根据数值计算方法研究了保护层开采后瓦斯流动规律及被保护层卸压保护范围。

被保护层卸压及瓦斯解吸、流动与地质条件密切相关[26]。高峰等[27]提出了煤岩体结构损伤变量概念,构建了煤岩体弹塑性损伤本构方程,揭示了保护层开采条件下方被保护层损伤程度和渗透系数的演化规律。张拥军等[28]分析了岩石动态破坏过程,研究了含瓦斯煤岩体应力-损伤-渗流耦合变化规律,通过数值模拟得到了近距离上保护层开采下覆煤岩层的裂隙演化规律和卸压后煤层内瓦斯渗流规律,揭示了被保护层卸压过程中煤层内瓦斯流量分布状态、瓦斯压力分布和透气性系数变化规律,指出了煤壁下方压缩变形区和膨胀变形区之间存在张剪瓦斯渗流通道,研究了保护层底板压缩变形区和膨胀变形区的瓦斯流动特征。石必明等[29-30]根据保护层开采相似材料模拟试验,在模型中考虑了煤的渗透性,分析得到了随保护层工作面推进被保护层透气性的动态变化规律,即在被保护层卸压区域内呈"M"形分布状态。根据煤层瓦斯越流相关理论,王宏图等[31]分析了煤岩体变形场方程和瓦斯渗流场方程,构建了急倾斜上保护层开采瓦斯越流的固-气耦合数学模型。刘海波等[32]研究了极薄保护层开采作用下上覆煤层透气性变化及分布规律,发现随保护层工作面推进被保护层透气性逐渐增大,随后由于上覆煤岩层逐渐被压实又不断减小直到稳定。对具有地质构造复杂、煤层群开采及煤层渗透性差特点的矿区,刘应科[33]提出了远距离重复卸压的两层保护层开采思路,构建了保护层开采作用下地面钻井稳定性分析的力学模型,提出了防止剪切破坏钻井井身结构形式,分析了地面钻井抽采保护层开采过程中的卸压瓦斯规律,揭示了地面钻井产气率在保护层工作面回采期间呈现"快增慢减"的变化机制,建立了被保护煤层和工作面采空区的瓦斯流量计算理论模型,提出了通过地面钻井下段增阻来提高卸压瓦斯抽采率的方法。李树刚等[34]在分析上保护层开采及其煤层渗透性影响因素的基础上,自行研制了测试上保护层开采过程中被保护层渗透性的相似模拟试验设备,发现随工作面的推进,被保护层内瓦斯渗流速度经历原始渗透性降低—后升高—再降低—再升高—最后稳定不变的过程。盖迪[35]通过自主研发的煤与瓦斯共采实验台,研究了工作面推进过程中卸压瓦斯的渗流速度变化规律。王维华[36]采用煤与瓦斯共采相似模拟实验台开展了二维采动相似材料模拟试验,研究了随着下保护层开采过程中工作面的推进,上覆煤岩层的裂隙产生及演化规律。Qu 等[37]研究了工作面斜长与顶板卸压的相互关系,可通过增加工作面长度提高卸压煤层抽采率。涂敏等[38]利用 RFPA2D-Flow 软件,模拟计算了上覆煤岩层采动过程中裂隙演化、卸压煤层采动应力状态、应变分布以及瓦斯参数变化等规律,得出以下结论:保护层开采引起的上覆煤岩层裂隙发育主要分布在采场两端部,并沿竖向朝向采空区方向发展,离层裂隙发育到被卸压煤层上部,保护层和被保护层之间关键层结构的力学作用,导致被保护煤层透气性系数没有显著增加,致使抽采钻孔内瓦斯压力降低、速度减慢。用半无限开采的积分模型,薛东杰等[39]推导了煤岩体内部位移场计算表达式,通过被保护层相似模拟的沉降曲线验证了该模型能较好地将煤层实际变形反映出来,并构建了弯曲下沉带和裂隙分布带"两带"裂隙分布模型及其简化后的力学模型。针对平顶山矿区某矿的特有地质条件,王文等[40]运用自行研制的煤-气耦合实验台开展了大尺寸煤样的加载试验,并分析了被保护层裂隙场的形成,指出了煤与瓦斯共采中卸压瓦斯抽采最佳时机,实现了开采戊组煤与抽采丁组煤瓦斯在时空有序配合共采。王志强等[41]提出了无煤柱开采保护层,实现了被保护层倾向的连续开采和被保护层倾向的充分、连续卸压。依据煤岩卸压变形理论和卸压瓦斯运移特点,王志亮等[42]建立了包括保护层开采保护效果和卸压煤层的保护范围两个部分的保护层开采评价指标系统。

1.2.2　采场应力重分布规律研究现状

煤层开采中,应力分布规律是确定采掘布置方案的前提,特别对于卸压开采获取应力重分布规律尤为重要。当前对于保护层开采中的上保护层问题,其底板卸压规律的研究主要借鉴采动底板应力分布规律的相关研究,而对于下保护层开采,被保护层卸压规律的研究主要集中于对覆岩运移及垮落特征的研究。

采场应力重分布规律的研究主要分为理论研究、数值模拟研究、试验研究及影响因素研究四个方面。开采煤层改变了工作面底板承受的荷载分布及载荷大小,从而导致煤层底板应力的重新分布,支承压力是上覆岩层通过煤体和岩石的自重向煤层底板传递形成的,支承压力的分布形式决定了底板应力的分布状态。进行煤层开采底板控制技术研究的主要依据是采动煤层底板的应力分布状态及变形特征。国内外对煤层底板采动影响规律方面进行了一系列研究,在采动煤层底板岩体结构特征、应力分布等方面取得了丰硕的成果。

在国外,对煤矿采动底板岩层应力的研究已有百年历史,积累了丰富的经验。苏联学者将采煤工作面的底板岩层假设为梁,该梁是受均布载荷作用的两端固支梁,对底板岩层理论分析,得出了底板破坏特征的计算公式[43]。19世纪80年代,匈牙利的一些学者针对采动煤层底板的应力分布状态和底板变形的完整性,进行了现场地应力的原位测试,结合数值模拟的手段对底板的稳定性进行了分析评价。布辛奈斯克依据弹性力学理论,在半无限体平面上作用有集中力,假设为均质、各向同性的线弹性材料,对其下面任一点的应力状态给出了数学解答式[44]。雅可毕假设煤层采场的底板岩层为均质弹性体,模拟得到了开采深度为800 m的采场底板岩层在煤层开采稳定后的垂直应力分布情况,得出了煤体下方或煤柱为应力增加区,采空区下方为应力降低区的结论[45]。

我国对采动煤层底板的研究有 40 多年的历史,比国外晚,在 19 世纪 80 年代后开展了很多的科学理论研究和现场的测试研究工作,也取得了大量成果,对煤矿采动中煤层底板岩层的应力场及演化规律有了较系统深入的认识。

(1)理论方面的研究

刘天泉院士首先提出了"三带"概念,对煤层采空区底板岩层进行区域划分,将煤层底板从下至上分为应力微变带、微小变形移动带、鼓胀开裂带,并根据高度对相对位置进行范围划分。在分析煤层底板岩层的应力分布和应变分布规律基础上,张金才等[46]利用平面模型分析后得出了顶板的应力变化规律和底板的应力变化规律相一致的结论。将煤层底板假设为一个半无限体,唐孟雄[47]采用弹性理论的半无限体平面问题的分析方法,用应力增量的形式计算得到了煤层工作面开采过程中底板任意一点的应力分布状态。刘天泉[48]发现煤层采动结束后,底板岩层受采动影响后出现"三带":胀裂带、微裂隙带、应力变化带,提出了煤层底板应力有三个阶段:采前增压阶段、采后卸压阶段和恢复阶段。张文泉等[49]利用煤层采动的覆岩运动结构原理,发现了煤炭深部开采在煤层底板岩层超前支承压力充分采动前后的分布规律,研究发现如果煤层开采工作面长度在 $4H/\pi$(H 为埋深)时煤层底板支承压力平均值达到最大。袁亮[50]提出了煤炭的保护层开采卸压增透技术,并且依据煤层底板岩层受到采动扰动程度,将采场底板岩层应力分布划分为四个应力区,分别是应力升高区、应力减小区、影响轻微区和未受采动影响区。彭维红等[51]根据双调和函数与格林函数的基本组成方程,计算得到了仅与边界压应力有关的积分方程,然后结合某矿开采的地质条件,推导出了煤层的采空一侧条件下的工作面底板岩层载荷增量计算数学式。施龙青等[52]根据断裂力学、损伤力学和矿山压力理论,在开采煤层底板划分"三带"的理论基础之上,提出了"四带"划分理论,即开采煤层底板可以划分出矿压破坏带、新增损伤带、原始损伤带、原始导高带,并提出了对应各带高度的计算方法。

朱术云等[53-56]提出了煤层底板岩层应力分布状态受采场矿压影响,由此建立了煤层移动支承压力力学模型,并根据某矿工作面现场实测数据,利用弹性力学理论,推导出了煤层底板岩层煤层埋深与水平应力、垂直应力的相互关系。虎维岳等[57]研究了工作面采动过程中的煤层底板竖直方向应力的演化规律,发现了开采工作面中部范围内煤层底板岩层的垂直应力急剧下降,其中有部分区域甚至减小到零,煤层底板岩层的垂直应力变化保持与采场上覆岩层应力变化基本一致的步调在变化。张华磊等[58]利用弹性力学理论,建立了应力增量形式的采动煤层底板应力计算模型,采用 MATHCAD 数学分析软件绘制出了煤层底板应力的二维、三维分布图。孟召平等[59]依据采场底板岩层载荷状态的不同性特征,沿采场横向将煤层底板岩层划分成原始应力区、超前压力压缩区、采动矿压直接破坏区和底板岩体应力恢复区四个区域,研究得出了采场煤层底板岩层的载荷状态受煤层本身的力学性质和采动范围影响,如果基本顶岩层的集中载荷降低,采空区卸载面积会缩小。王连国等[60]利用 MATHCAD 数学分析软件建立了空间半无限模型,模型中依据关键层和矿压理论,综合考虑工作面倾向与走向载荷,得到了不同深度位置煤层底板的应力分布。冯强[61]根据煤层初始应力场与采动应力场相叠加组成煤层最终应力场的特点,建立煤层底板岩层的力学模型,根据积分变换 Fourie 方法进行双调和方程的求解,并采用形式函数待定的方法进行偶积分方程的求解,提出了煤层底板应力场、底板位移场的解析求解表达式。

(2)数值模拟方面的研究

王作宇等[62-63]根据弹性地基理论、数值模拟与理论分析相结合,进行了底板支撑压力作用下内部应力的计算,提出了"原位张裂和零位破坏理论"。张学斌[64]利用有限元软件 FLAC3D 对不同宽度、不同埋藏深度下煤柱(体)底板岩层的应力分布状态展开了数值计算研究,模拟得到了煤柱底板岩层上的最大应力集中系数和应力传递影响角基本不会随着煤层埋深变化的结论,得到了在底板岩层不同水平截面处不同宽度的煤柱和煤柱一侧的采空煤体的应力传递影响角。

孟祥瑞等[65]根据统计分析得到了煤层开采引起的工作面前方底板支承压力分布规律,利用弹性力学理论建立了基于底板支撑压力的煤层底板任意一点的底板应力计算模型,并利用 FLAC3D 求解并模拟计算。于小鸽[66]利用非均质岩体破裂过程分析软件对完整型采场底板围岩、损伤型采场底板围岩、渗流型采场底板围岩的开采扰动情况进行了模拟研究,得出了工作面回采过程中的采场底板岩层垂直应力变化规律。袁本庆[67]利用 FLAC3D 有限元软件建立了煤层采动的三维流-固耦合模型,模拟了近距离、厚煤层工作面在回采过程中,分层开采和一次采全高两种不同开采方式下工作面采场煤层不同深度的底板应力和位移的演化规律,对比得到了两种不同开采方式下底板应力分布的异同。段宏飞[68]以某矿 4602 开采工作面为研究背景,利用 FLAC3D 进行了影响底板应力分布及破坏深度开采厚度、采深、倾角、工作面斜长与底板岩性组合以及顶板岩性组合 6 个因素的正交数值模拟,分析了底板岩体应力场与塑性区分布规律,对影响因素进行排序。张念超[69]建立了两种不同模型,一种是考虑采空区垮落顶板对底板岩层损伤破坏,另一种不考虑垮落顶板的,推导了两种不同模型中单一岩层底板和多层岩层底板两种情况下两个模型煤层底板任意一点的应力计算公式,并通过数值模拟对比研究,当不考虑工作面采空区垮落顶板时,煤层顶板的岩石重量都由煤柱来支撑,造成煤层底板应力集中影响过大,与工程实际情况不符,因此分析煤柱下底板岩层应力分布必须要考虑煤层采空区垮落顶板对煤层底板岩层造成的损伤破坏。

(3)试验方面的研究

关于采动煤层底板应力的试验研究根据建立的相似材料模型来分析,得到不同研究背景、不同采动条件下的煤层采动过程中底板应力的分布规律。

在研究煤层顶底板的采动特征时,多采用相似材料模拟试验来研究,分析煤层随采动的位移、应力的变化规律及分布状态。20世纪70年代末,苏联学者Abophcob根据相似三维模型的试验研究方法,对采动后煤层底板岩层的应力变化和煤岩体变形过程进行了分析[70]。

李白英、张文泉等在澄合矿区、赵各庄矿以及王凤矿区的煤层工作面开展了实验室室内相似材料模拟试验研究,对采动煤层顶底板的移动变形演化规律、底板应力分布特征进行了分析[71-72]。依据相似原理,陈秦生等[73]利用相似比将实际工作面的较大模型设计成为实验室尺寸小的模型,通过室内监测工作面煤层底板的应力演化规律,这是工作面底板应力分布岩层变形机理研究的有效手段。林峰[74]通过二维材料相似模拟试验,观测得到了采煤工作面煤层的底板应力分布规律。弓培林、胡耀青等[75-76]利用自行研制开发的三维大型流-固耦合相似模拟试验设备,研究了煤层带压采动条件下的煤层底板应力随工作面推进的变化规律,提出了三维开采条件下煤层底板采动特征的诸多结论。

肖远见等[77]依据工作面实际煤层的物理力学参数和相似理论,用相似材料平面模型在实验室开展了相似模拟试验,研究了开采工作面空间内底板岩层的应力分布情况,通过在模型安装过程中设置微型压力盒取得应力测试数据,研究了与开采层截面相互平行和垂直面上的应力分布规律。胡茂流[78]通过相似模拟试验,研究了煤层底板突水的机理及底板岩层的突水破坏规律,在煤层推进过程中,煤层底板的应力和位移始终处于一种动态变化当中,通常都会历经具有明显周期性的升降过程,在煤层开采工作面的前后5 m左右属于应力集中上升区域,煤层采空区(工作面后方)的15 m左右属于位移的上升区域;采空区煤层底板应力的空间分布特征受工作面的开采影响,而且同时也受时间影响,随着时间的增加,采空区中间区域应力恢复的程度要大于其外边缘位置(与煤柱距离10 m以外区域内),但是采空区中间区域的位移恢复的程度比较小,这是带压开采的典型特点;在煤层底板距离不同的位置,其煤岩体的应力与位移变化的程度、频度都不一样,与煤层底板的距离在10~15 m的范围之内,在一般情况下煤岩体的应力和位移的变化尤其显著。王吉松等[79]采用相似材料模拟模拟试验手段,提出了煤层采动之后底板应力呈"W"形分布。李海梅等[80]利用相似材料平面模拟试验,分析了煤层的采动效应,得到了邯邢地区煤矿工作面煤层底板应力、位移以及破坏范围的分布情况。袁本庆[67]进行了承压水体的上部煤层开采底板应力、裂隙演化规律研究的相似模拟研究,分析得到了两种不同开采方式下煤层底板岩体的应力与位移的分布规律。

（4）影响因素方面的研究

李江华等[81]通过有限元数值计算方法对底板破坏规律进行了研究,采用矿井对称四极电剖面法对不同开采厚度底板破坏深度进行了实测,并对煤层埋深、煤层倾角、工作面斜长、开采厚度四个影响因素与底板破坏深度的关系进行了多元统计回归分析,研究得出:煤层埋深较大时开采厚度对底板破坏深度的影响明显;随着开采厚度的增大,底板垂直应力减小。

在下保护层开采卸压规律研究方面,于斌[82]开展了大同矿区坚硬顶板下保护层开采对上部卸压煤层的影响的研究,对上覆煤层"蹬空"开采状态进行了分析,实测了开采过程中周期来压步距及支架工作阻力,测试表明"蹬空"开采条件下,实体煤开采过程中的平均支架工作阻力大于"蹬空"开采区的平均支架工作阻力。童云飞等[83]对下保护层开采的采掘时空关系进行了研究,分析了下保护层层采动过程中被保护层卸压的时空演化规律。李应文等[84]针对被保护层合理的煤层巷道布置问题,开展了区段煤柱留设的研究,提出了减小煤柱的方法。汪理全[85]开展了下保护层卸压机理的研究,以三维采场为研究对象,分析了下保护层采动过程中,被保护层在横向及纵向上的变形破坏特征,提出了煤壁、支架、矸石共同组成上覆岩层的支承结构。韩万林等[86]对平顶山四矿上行开采问题进行了研究,采用现场观测的手段得到各煤层合理的开采顺序。并采用层次分析法,对开采方案进行了对比分析,得到了最优方案。刘林[87]基于保护层开采影响因素及相互作用关系,建立了保护层开采效果考察及评价体系,依据该评价体系,对保护层开采的超前距离、保护角等影响卸压的参数进行了优化。曲华等[88]根据软件数值模拟对埋深及应力较大煤层上行开采技术进行了分析,分析了开采过程中应力的演化规律,得到了上行开采可以有效减小采动过程中被保护层的水平应力及支承压力的结论。涂敏[89]对采动过程中被保护层的应力变形特征进行了研究,得到了被保护层膨胀变形率和保护层开采卸压角。刘三钧等[90]采用相似模拟对上保护层开采过程中应力演化进行了研究,得到了工作面推进过程中顶板裂隙演化形态呈顶窄底宽的"A"形分布形态,最终结合应力和裂隙分布特征提出了"三位一体"的抽采方法。袁亮[91-93]根据煤层地质赋存特征角度,研究了开采导致的卸压增透效应,分析了采动工程中被保护层的瓦斯运移过程及瓦斯富集区域。薛东杰等[39]依据试验得到的变形量,结合理论分析得到的体积应变与渗透率的相互关系,分析了采动过程中覆岩的渗透率演化特征,得到了被保护层的卸压演化规律及渗透性演化规律。Chen 等[94]采用 CT 试验，得到了保护层开采条件下卸载煤体损伤演化特性。石必明等[29]通过 RFPA 数值模拟软件得到了远距离下保护层开采过程中，被保护煤层应力和变形分布、覆岩裂隙发育和移动规律。杨大明等[95]利用数值模拟手段研究了缓倾斜下保护层开采过程，到了覆岩位移场、应力场和裂隙场变化规律，给出了裂隙发育高度及变形与渗透率关系。张宏伟等[96-97]对上保护层开采卸压煤体变形及应力分布特征进行了研究，对阜新矿区清河门矿近距离煤层群采取上行开采的问题，综合利用理论分析、数值计算和相似模拟材料室内试验及现场考察相结合的方法，确定了下煤层开采后上煤层的结构变化特征，并给出了上行开采巷道布置方案；针对长平矿采用相似材料模拟试验开展了保护层卸压膨胀变形考察，提出了面积膨胀率表征参数，得出了垮落带和裂隙带高度分别为保护层开采厚度的6倍和12倍。

1.2.3 采场围岩变形规律研究现状

石必明等[98]根据有限元方法和岩石损伤破裂理论，采用 RFPA 模拟软件模拟了远距离下保护层开采的整个动态演化过程，模拟得到了覆岩破裂移动变形规律以及保护层工作面推进过程中被保护煤层应力变化规律、变形分布特点，并分析了被保护煤层应力和变形分布特点对卸压抽放钻孔合理布置和被保护层消突作用的原理。石必明等[29]计算了保护层开采过程中被保护煤层竖直方向变形特征和水平方向的变形规律，得出了保护层工作面向前推进过程中，被保护煤层垂直方向的变形呈现出"M"形分布现象；被保护煤层水平方向变形呈现出拉抻、压缩不同状态，提高卸压区域煤体机械破坏强度，会促进被保护层煤体内次生裂隙的发展；相对层间距对被保护层卸压变形的影响较大，若相对层间距增大，被保护层的变形量减小，对被保护煤层离层裂隙、破断裂隙的产生造成不利影响。刘海波[99]通过保护层开采数值模拟研究发现，在煤层充分卸压区域范围内的顶底板膨胀变形量为 11 mm，相对变形是 1.4‰；保护层工作面推进过程中，被保护煤层顶底板变形表现出压缩—快速膨胀—膨胀变形减小—直到稳定的变化规律；同时研究发现，对于极薄保护层来说，开采厚度对被保护煤层的卸压膨胀变形的影响很大。刘洪永[18]针对阳泉矿区新景矿保护层开采，开展了相似材料模拟试验，揭示了远程被保护层卸压应力、裂隙发育发展和煤层变形的时空演化规律；保护层开采范围垂直投影内被保护煤层均依次经历压缩—膨胀—变形增大—变形压实—变形稳定过程；保护层开采结束稳定后，在开切眼一侧 80～90 cm 范围内和工作面后方 60～70 cm 范围内，被保护层膨胀变形量最大值分别是 15.4 mm、17.4 mm；从卸压峰值阶段到基本稳定阶段，被保护层的卸压膨胀变形量相对减小 40% 左右,但维持在 4‰ 以上能保持较长一段时间,这为采动卸压瓦斯的运移争取了时间和空间。范晓刚[100] 建立了急倾斜下保护层开采的三维有限元数学模型,数值模拟研究了急倾斜下保护层开采过程中覆岩的卸压规律和移动变形特征,依据被保护煤层的卸压应力有效性准则和变形有效性准则,分析和计算了被保护层的保护有效范围,划分了被保护层的保护有效范围。

徐乃忠[101] 通过数值模拟研究了低透气性煤层群下保护层开采的采动覆岩移动变形规律,下保护层开采后,开切眼附近 40 m 左右范围内下沉曲线的曲率最大,工作面煤壁附近 50 m 左右范围内下沉曲线曲率是最小的,这两个范围煤层裂隙发育最丰富;在水平方向上,开切眼与工作面附近被保护层有最大的水平移动变形,两者移动变形的不对称性,引起卸压区煤层受到水平方向的拉神和压缩作用,提高了该区域煤体的破坏程度,促进了卸压煤层次生裂隙的进一步发育,提高了卸压煤层的透气性。薛东杰[102] 采用由半无限平面煤层开采的积分模型,推导了煤岩体内部位移场表达式,将求解结果与相似模拟试验测得的被保护煤层的沉降曲线对比验证,研究发现所建立的煤层变形的理论计算模型可以较好地描述被保护煤层实际变形。谢小平[103] 利用 UDEC 软件模拟得到了薄煤层上保护层开采过程中覆岩垮落动态演化过程,分析了上覆岩层和被保护层底板移动破裂规律,以及上保护煤层开采过程中,下方被保护层煤体内应力和变形分布特点。施峰等[104] 开展了上保护层开采相似材料模拟试验,分别进行了近距离、远距离以及超远距离三种情况下试验研究,分析了被保护层卸压规律,并根据被保护层竖直方向层面 3‰ 的膨胀变形率保护准则计算得到保护范围。焦振华等[105] 为研究晋城矿区下保护层开采效果,展开相似模拟试验,开采 9# 煤,保护下方 3# 煤;模拟试验发现:9# 煤层基本顶破断距为 15 m 左右,伴随基本顶的破断,裂隙演化呈梯形分布。被保护的 3# 煤层下沉曲线出现连续性特征,膨胀变形呈现出"M"形分布特征,一直保持 0.5% 左右膨胀变形率。朱威[106] 为了研究芦岭矿软岩工作面开采效果,采用相似模拟试验,对开采软岩工作面后产生的覆岩移动变形情况进行了观测,研究了不同推进距离条件下采空区中部区域内上覆岩层在竖直方向上的应力分布特征和位移变化规律,结合试验得出的结果预判覆岩移动变形的"H带"范围,分析了软岩工作面作为上被保护煤层的保护层所产生的作用效果。

1.2.4　采空区应力传递规律研究现状

层间距是影响保护层卸压效果的重要影响因素,层间距对保护效果的影响与保护层开采顶底板应力在垂深方向上的分布特征相关。国内对于层间距卸压作用开展了大量的工程实践。天府磨心坡矿开展了上保护层开采卸压效果考察,其中上保护层层间距为 23 m 时,被保护层的透气性增加了 5 000 倍,当保护层层间距达 80 m 时,保护层透气性增加了 586 倍,卸压瓦斯抽采效果良好。沈阳红菱矿对上保护层开采进行了考察,层间距为 11.4 m 时,透气性增加 1 010 倍,膨胀变形量为 0.72%。淮南谢一矿开展了上保护层卸压效果考察,层间距为 19 m 时,被保护层最大膨胀变形量达到 0.4%。下保护层有效保护层间距通常较大,现有开采实践中乐平涌山矿开展了层间距为 53 m 的下保护层保护效果考察,结果表明下保护层透气性增加了 175 倍,膨胀变形量增加为 0.23%。淮南谢一矿对下方被保护层 B11 煤层进行了系统的考察研究,间距为 35 m、倾角为 23°时,测得被保护层膨胀变形量达到 0.4%。南桐鱼田堡煤矿选取 2601 采区进行保护效果现场测试,分析了层间岩性对保护效果的影响;其保护层开采属于下保护层开采,保护层与被保护层间距平均为 35 m,开采厚度为 1.2 m,层间厚岩层属于硅质灰岩,岩层较为坚硬,硬度系数达 11～12;现场实测瓦斯参数表明,被保护工作面具有严重的突出危险性,4# 主采煤层瓦斯压力达到 6 MPa,瓦斯含量仅为 25～27 m³/t,采用保护层开采方法对 4# 煤层进行消突,减少了突出事故的发生,提高的巷道的掘进速度,为矿井生产创造了显著的经济效益[107-110]。

　　当前,保护有效层间距主要有以下几种判别方法:① 对于下保护层可以采用采动影响倍数这一指标对能否进行保护层开采进行判定。采动影响倍数主要反映了开采厚度与层间距的关系,其值为层间距与开采厚度的比。当采动影响倍数大于 6 时,可进行下保护层开采,当采动影响倍数小于 6 时,被保护层将受到严重破坏,不利于被保护层回采,不能开采下保护层;当被保护层下部有多个煤层开采时,多煤层总开采厚度对应采动影响倍数大于 6.3 时,可以采用下保护层开采,而当采动影响倍数小于 5 时,不能进行保护层开采,需要采取一定措施。当采用充填法开采时,采动影响倍数为 2.3～2.9。② 下保护层开采时需要考虑时间效应,安全开采的间隔时间为 1 年以上。开采急倾斜煤层群,下保护层采动影响倍数大于 8 时,被保护层可正常开采,在层间距为 18～85 m 的条件下,安全开采的间隔时间为 3～10 个月。开采缓倾斜和倾斜煤层时,下保护层采动影响倍数大于 10,保护层开采有效,在层间距为 18～85 m 的条件下,安全开采的时间间隔为 3～12 个月。我国在 20 世纪 70 年代开展了下保护层开采的试验工作[111],80 年代在较多矿井开展了应用。依据我国矿井取得的经验数据,单一下保护层开采条件下,采动影响倍数大于 7.5,上煤层即可正常开采;当为多煤层开采时,采动影响倍数大于 6.3 不影响上方被保护层开采。同时,在对下保护层开采层间距选择时,还可以依据垮落"三带"的分布特征进行选取[112]。有代表性的成果为"三带"判别法、围岩平衡法、比值判别法、数理统计分析方法等[113]。对于上保护层开采,给出的保护层开采层合理层间距的确定方法相对较少,其中《防治煤与瓦斯突出细则》中,给出上保护层开采在急倾斜煤层中有效保护距离为 40 m,在缓倾斜煤层中有效保护距离为 30 m。刘洪永等[16]综合考虑了层间距、保护层厚度、煤层赋存条件及层间硬岩层影响,构建了层间距为指标保护层分类判别方法。

2 采空区应力重分布影响因素分析

2.1 开采引起的应力重分布

2.1.1 开采应力调控作用分析

开采能够调控采场应力分布,如保护层开采对被保护层产生卸压作用主要是通过调整采场的应力重分布特征实现的。煤层开采后由于覆岩的移动变形,造成采场空间部分位置发生应力聚集,与之相对应采场存在一定的卸压区域。保护层开采就是通过调整采场应力分布,使被保护层处于卸压区域,改善被保护层的原始储气特性。同时,保护层开采后采场围岩一定范围内岩层移动破坏,移动破坏裂隙的发育为被保护层的气体流动提供了有利通道,且移动变形过程中被保护层煤体的膨胀作用增加了煤体自身的透气性,透气性增加利于被保护层的瓦斯抽采。如图 2-1 所示,保护层开采的机理即卸压增透效应,该效应由两方面的含义组成,首先为保护层开采的卸压,其次为卸压引起的储层特征的改变,卸压为主动影响因素而储层特性的改变为影响结果[114]。

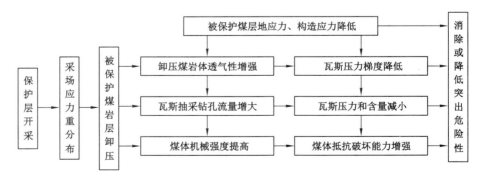

图 2-1 保护层卸压增透原理

2.1.2 开采引起的围岩应力变形重分布特征

保护层开采的卸压效应体现了开采引起的围岩移动变形对采场应力及变形的调整作用。在保护层开采后依据岩层的应力分布及移动变形特征对保护层开采范围进行了分区。现场实测及实验室相似模拟均表明,保护层开采对上覆煤岩层及下伏煤岩层的移动变形均有影响,其中采动过程中上覆岩层的移动变形范围较大。对于上覆岩层采动引起的岩层移动变形范围可采用岩层移动角划定,岩层移动角范围以内的岩层均发生移动变形,但由于移动变形特征不同,变形范围内应力分布的特征不同。保护层卸压区域划分见图 2-2。对顶板岩层移动变形范围的岩层依据受力特征进行区域划分。图 2-2 中,Ⅲ及Ⅲ′区域紧邻岩层移动变形区域,该区域受到岩层移动变形产生的压缩作用影响,该区域为顶板压缩区。对应的Ⅱ与Ⅱ′通常为弯曲下沉带所在区域,该区域岩层发生弯曲变形,弯曲变形使岩梁上下两侧受力特征不同,岩梁下部分由于拉伸作用而卸压,而上部分由于弯曲产生的压缩作用而增压。Ⅰ区域为垮落岩层所在区域,当采动未进入充分采动状态时,该区域受到弯曲岩梁的掩护作用,区域内应力值低于原岩应力值,该区域卸压。

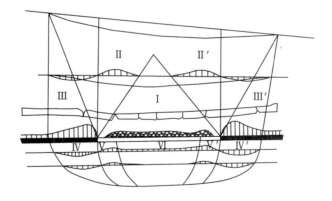

图 2-2　保护层卸压区域划分

而对于底板同样可依据应力分布特征进行划分,由保护层开采卸压影响范围确定方法可知,采空区底板卸压范围可依据卸压角划定,其中图 2-2 中对应的区域Ⅵ及Ⅴ为底板卸压区,该区域内应力较原岩应力值降低,应力降低使该区域内部分岩层发生拉张破坏,对于处于弹性阶段的岩层,卸压引起岩层的膨胀变形,使得底板发生一定的底鼓现象。同时顶板垮落岩层又对该区域进行二次压缩,现场实测表明通常情况下工作面回采结束后采空区应力能够恢复至原岩应力状态,因此Ⅵ区域最终被压实。而对于区域Ⅴ,由于上覆岩层的掩护作用,该区域处于持续的卸压状态,该区域为保护层开采后卸压瓦斯抽采的长效区域。区域Ⅳ与Ⅳ′位于支承压力的应力集中区下方,该范围内由于支承压力的影响处于压缩状态。

本书主要针对上保护层开采进行研究,研究的重点区域为底板下方的Ⅳ、Ⅴ、Ⅵ、Ⅴ′及Ⅳ′区域,上保护层卸压效应即为保护层开采后对上述区域卸压后的应力、变形重分布特征。

2.2 应力重分布开采影响因素

2.2.1 主要影响因素分析

保护层开采的卸压效应影响因素较多,现阶段主要将影响因素分为两类,分别为保护层与被保护层的地质赋存影响因素与保护层工作面布置影响因素。其中保护层与被保护层的地质赋存影响因素主要有保护层与被保护层的层间距、层间岩性和煤层倾角等。保护层工作面布置影响因素可以人为进行选取,这类影响因素主要有顶板管理方法、开采厚度及工作面布置长度等。

(1)煤层倾角

对于上保护层开采,当保护层与被保护层具有一定倾角时,保护层开采后垮落岩层仅有一部分应力转移至底板岩层,由于倾角的存在,该应力为垮落岩层自重应力的分力。因此,倾角增加利于被保护层的卸压。

对于下保护层开采,开采引起的上覆岩层破坏特征受煤层倾角影响。当开采煤层倾角处于0°~35°区间时,采空区裂隙发育高度在采空区上边界高,在中部低。垮落带范围位于采空区边界范围以内,裂隙带范围位于采空区上边界外部,垮落带和裂隙带呈现马鞍状的分布形态。当煤层倾角为36°~54°时,垮落带分布形态在走向上仍然为马鞍状,而倾向上的分布形态发生改变,为抛物线状。裂隙发育高度在上边界大于中部。当倾角为55°~90°时,垮落带在倾向上向采空区的上下两边界扩展,形状由抛物线形转变为拱形。

(2)层间岩性

当采用上保护开采时,层间岩性影响了底板应力的分布,当保护层下伏岩层为塑性岩层时,岩层不易发生破坏,底板岩层的破坏范围较小,不利于破坏裂隙沟通至被保护层,被保护层卸压瓦斯排放效果较差。同时,底板发生破坏对底板应力的释放有加强作用,岩层破坏后底板岩层的水平应力增加,水平应力的增加使得岩层间的膨胀变形量进一步增加,膨胀变形量越大,被保护层的增透效果越好。

当采用下保护层开采时,层间岩性主要影响覆岩的垮落结构范围分布特征,而覆岩垮落结构范围分布特征对上方被保护层开采卸压范围有直接影响。若上覆岩层为脆性岩层,采动影响下顶板岩层易发生断裂,岩层的破坏高度较其他岩性岩层增加,破坏高度的范围增加使上方被保护层的变形量及变形范围增加,增强了被保护层的卸压效应。当岩层为塑性岩层时,顶板不易形成垮落带、裂隙带结构,此时弯曲下沉结构的变形量较小,对应的被保护层的变形同样较小,不利于顶板岩层的卸压。

（3）层间距

通常被保护层与保护层之间的层间距取决于煤层的赋存条件。对于上保护层开采,卸压值在底板传递过程中具有衰减特征,当层间距较小时,利于被保护层的卸压,但层间距离的减小会使底板产生大量导通至被保护层的裂隙,被保护层瓦斯涌入保护层增加了保护层开采的瓦斯治理负担。同时,当被保护层具有突出危险,层间距较近时受支承压力的影响,被保护层容易发生动力显现,对保护层开采安全造成威胁。相反,当层间距较大时,对应的卸压作用对被保护层的影响较小,不能使被保护层达到卸压效果。

对于下保护层开采,同样需要选择合理的层间距,被保护与保护层的层间距较小时,受保护层开采影响,被保护层底板破坏严重,对被保护层回采过程中工作面布置影响较大,被保护层底板破碎增加了回采的难度。当层间距较大时,保护层开采对被保护层产生的扰动较小,影响被保护层的卸压效果。

（4）顶板管理方法

现有的顶板管理方法有充填法、煤柱支撑法以及全部垮落法。充填法及煤柱支撑法出发点都是为了控制岩层的移动变形,对于保护层开采,目的是增加岩层的移动变形量,因此采用充填法及煤柱支撑法管理顶板时不利于保护层卸压。

（5）开采厚度

通常情况下,开采厚度的选取依据煤层厚度,对于保护层开采,煤层厚度较大时利于围岩移动变形,利于被保护层的卸压,因此开采时应尽量采出全部厚度的煤层使顶底板充分卸压。当煤层厚度较小时,开采全部厚度的保护层不能满足被保护卸压要求时,需要考虑增加开采厚度采出一定量的岩石,开采厚度的增加能够提高卸压效应。但开采厚度增加使生产成本增加,降低产出煤炭的质量。在特殊情况下,必须进行非全煤保护层开采时,就需要选取能够使被保护层达到卸压要求的开采厚度下限,尽量降低生产成本。

（6）工作面布置长度

工作面布置长度影响覆岩移动变形范围,依据《防治煤与瓦斯突出细则》,可划定煤层的卸压保护范围。表 2-1 给出了具有不同倾角的保护层在开采后沿煤层倾斜方向的卸压角,根据该表可以计算得到卸压范围与保护层的位置关系。保护层开采卸压范围如图 2-3 所示。

表 2-1   不同倾角煤层卸压角

煤层倾角 α /(°)	卸压角/(°)			
	δ_1	δ_2	δ_3	δ_4
0	80	80	75	75
10	77	83	75	75
20	74	86	75	75
30	70	90	80	70
40	67	93	80	70
50	64	96	80	70
60	62	98	80	70
70	64	96	80	72
80	68	92	78	75
90	75	75	75	80

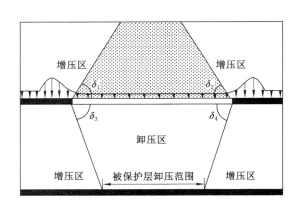

图 2-3   保护层开采卸压范围

当煤层倾角确定时,保护层工作面布置长度影响卸压范围,保护层工作面布置长度较大时,对应的底板卸压影响范围较大,卸压影响范围对应的卸压影响垂直距离同样较大。工作面长度的增加,有利于减少底板被保护层的卸压空白带,但同时长度的增加使顶板垮落范围增加,使顶板转移至采空区的自重应力值增加,不利于下方被保护层的卸压。

设顶板垮落范围按三角形范围演化,煤层为水平煤层,当层间距分别为30 m 和 50 m,分别计算不同工作面长度对应的被保护层卸压范围以及垮落范围(见图 2-3 中阴影部分)转移至底板的作用力。以单位长度被保护层卸压范围对应的顶板垮落范围转移应力总量表征工作面长度对被保护层卸压的影响,得到如图 2-4 所示变化曲线。

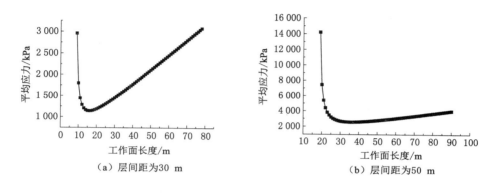

（a）层间距为 30 m （b）层间距为 50 m

图 2-4　单位被保护层长度垮落结构转移自重应力

由图 2-4 中变化规律可知,当工作面长度较小时,随着工作面长度的增加,卸压范围内的平均应力值是减小的;当工作面长度大于某一值时,随着工作面长度的增加,卸压范围内平均应力值是增加的,被保护层距离煤层越远,这种增加的趋势越缓慢。对于上保护层开采,增加工作面长度不利于被保护层的卸压。因此,在上保护层工作面长度的选择中,一般选择能够使被保护层处于保护范围以内即可。

2.2.2　影响因素对采空区应力重分布的影响

前述影响因素中,地质赋存影响因素通常情况下较难改变,因此在实际生产中对保护层卸压作用的调整主要是对工作面布置影响因素进行调整。对于工作面顶板管理,在矿井开采设计确定的情况下顶板管理方法是一定的,而对于工作面布置长度,前述分析已知,工作面布置长度能够满足卸压范围要求即可,增加工作面布置长度不利于一定层间距位置的被保护层的卸压。因此,对于保护层卸压效果影响的工作面布置影响因素主要为开采厚度。

前述分析表明,通过改变开采厚度能够改善被保护层的卸压效果。而增加开采厚度往往增加了破岩量,因此选择开采厚度能够满足被保护层卸压要求即可。同时,被保护层卸压受层间距的影响,因此针对不能满足卸压要求的保护层开采,一方面可以增加保护层的开采厚度使卸压效果增加,另一方面可以通过人为选取邻近被保护层的软弱岩层进行开采,通过减小层间距来提高卸压效应。因此,在卸压效应的影响因素中,层间距和开采厚度均为主要影响因素,在对开采方案进行选择时,需要综合考虑层间距以及开采厚度对底板卸压作用的影响。

对于下保护层开采,由于开采引起的岩层移动变形范围较大,通常情况下卸压能够满足要求,且下方保护层开采卸压后覆岩的移动变形特征已有大量的研究。而对于上保护层开采,由于受覆岩垮落压实作用,卸压范围较小且存在不满足卸压要求的情况较多,通过调整开采厚度及层间距对卸压效应进行控制具有重要的应用价值。因此,本书主要针对上保护层开采中开采厚度及层间距对被保护层卸压效应控制作用开展研究。

2.2.3 采空区应力重分布对底板应力影响

(1)三维采场的覆岩移动变形演化规律

三维采场中,覆岩移动变形演化除了与工作面走向推进距离相关,还与工作面长度相关。现有研究将顶板岩层视为薄板结构,可依据薄板的破坏特征对三维采场中岩层移动变形演化规律进行分析。依据弹性板结构,弹性板的破断可近似看作由单向板短边控制[115],顶板垮落结构可以简化为如图 2-5 所示的演化过程。

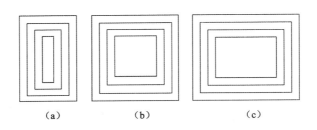

(a)   (b)   (c)

图 2-5 三维采场顶板岩层垮落演化过程

随着采出空间的增加,工作面走向推进距离增加,初始阶段工作面推进距离小于工作面长度,推进距离为弹性薄板的短边长,覆岩垮落结构由工作面推进距离控制,而最终随着工作面推进距离的增加,顶板稳定于图 2-5(c)所示状态。工作面长度小于推进距离,此时顶板的垮落由工作面长度控制,由于工作面长度不发生变化,此时上覆岩层垮落达到稳定,工作面长度控制了上覆岩层垮落的总范围。

(2)开采底板卸压演化规律

工作面长度一定,对应覆岩移动变形范围一定,则覆岩转移至底板应力总量一定。工作面走向推进过程中,覆岩垮落结构逐渐向上发展,垮落岩层逐渐压实采空区,直至工作面推进距离与工作面长度相等时,覆岩垮落结构稳定,底板应力分布状态稳定。依据底板岩层的应力分区特征(图2-2),工作面推进方向上可划分为原岩应力区、压缩变形区、卸压膨胀区及应力恢复区。

① 采空区走向应力演化规律

开采初期,随着工作面推进,覆岩移动变形范围在走向及垂直方向上进行扩展,扩展范围的演化使得围岩应力分布处于不断变化中,支承压力同样处于不断变化中,如图2-6所示。这一时期,保护层底板的压缩变形区、卸压膨胀区及应力恢复区范围在不断变化,直至岩层运移达到工作面长度控制的最大范围,各分区的范围达到稳定,支承压力逐渐稳定。

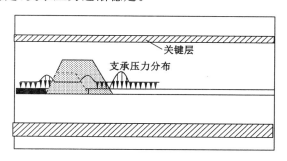

图 2-6 开采初期支承压力分布特征

覆岩移动变形稳定时,沿工作面推进方向上保护层采动应力趋势线见图2-7,应力分布状态在工作面推进方向上同样存在上述区域分布特征,且随着工作面推进,上述分区不断向前演化。对应的被保护层应力随分区演化发生动态变化,因此被保护层卸压具有时空演化特征,且对于被保护层能够有效卸压的区域为卸压膨胀区。

采动过程中应力分布区域的形成与采场关键层结构相关,采场关键层对采场范围内岩层移动变形起主要控制作用,当底板范围位于顶板关键层垮落范围内时,关键层控制的覆岩应力全部作用于底板,对应的底板范围处于应力恢复区[116]。当底板范围位于关键层弯曲变形掩护范围内时,关键层承担了一部分上覆岩层的自重应力,此时底板范围处于卸压膨胀区。

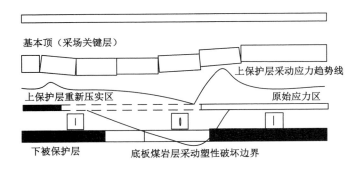

图 2-7　岩层运移稳定时期底板分区及演化特征

② 三维采场采空区应力演化规律

当长壁开采工作面回采岩层垮落结构达到稳定时,采空区后方存在应力恢复区。随着工作面推进,走向上应力恢复区前移,倾向上工作面长度一定,应力恢复区范围不变,当开采稳定后三维采场底板应力分布状态如图 2-8 所示。

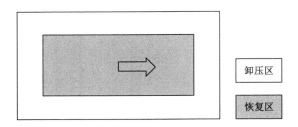

图 2-8　底板应力分布状态

2.2.4　开采厚度与采空区应力重分布的关系

(1) 开采覆岩移动变形演化规律

参照文献[117-119]的试验结果,自开切眼开始,随工作面的推进,覆岩移动变形范围的高度大致等于推进距离的一半,如图 2-9 所示。工作面前方支承压力来自压力拱上方直至地表的岩层传递到四周支承体上的岩重,采空区支承压力来自顶板移动垮落岩层自重。随着推进距离的不断增加,压力传递拱也不断扩大,最终达到非充分采动的极限点或充分采动的临界点,此时支承压力达到最稳定状态,当继续推进后岩层进入充分采动状态[120]。

由覆岩"三带"理论可知,垮落"三带"是在工作面推进垂直方向上对采场覆岩垮落结构特征进行划分得到的。岩层移动变形范围演化的过程中,工作面推

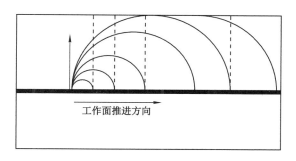

图 2-9 顶板岩层垮落结构演化示意图

进不同位置时,对应岩层移动变形范围内分布有垮落带、裂隙带及弯曲下沉带结构,如图 2-10 所示。其中可将垮落带、裂隙带视为非连续介质,弯曲下沉带可视为连续介质,不同介质特征的垮落岩层对底板的作用力不同[121],对底板应力进行计算时,需要判断移动变形范围内的垮落带、裂隙带及弯曲下沉带的分布范围,得到不同垮落结构对底板的作用力。

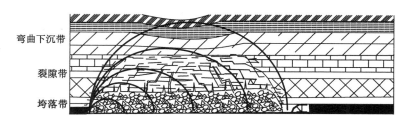

图 2-10 不同移动变形范围内"三带"分布

（2）开采厚度与采空区及其底板应力分布的相互关系

依据前述理论分析,工作面推进过程中底板应力演化具有时空效应,而底板应力演化与支承压力动态演化相关,支承压力受上覆岩层垮落压实作用影响。因此,对底板卸压效应分析时,需要考虑覆岩垮落压实作用及移动变形规律。一定开采厚度条件下覆岩移动变形范围的演化规律可用如图 2-9 所述的简化模型描述,开采厚度是影响垮落分带的主要因素[122-125]。当开采厚度发生改变时,垮落带、裂隙带及弯曲下沉带的分布范围发生改变,必然导致覆岩对底板垮落压实作用力及作用力分布范围发生改变,进而影响底板支承压力分布,最终使不同采厚对应的底板应力分布状态不同,开采厚度影响底板卸压原理如图 2-11 所示。

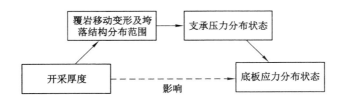

图 2-11 开采厚度影响底板卸压原理

2.3 本章小结

（1）影响采空区及其底板应力重分布的主要因素有煤层倾角、顶板管理方法、开采厚度、层间距、层间岩性及工作面布置长度等，其中工作面布置影响因素在应力控制中较容易调整，工作面布置影响因素中开采厚度是影响采空区应力分布的主要控制因素。

（2）三维采场中工作面长度控制覆岩移动变形总范围，工作面长度一定时对应的覆岩移动变形范围一定，开采厚度对采空区应力分布的影响是在工作面长度对采空区应力分布影响的基础上的进一步控制。

（3）开采导致采空区应力改变，采空区应力传递至底板导致底板应力分布规律改变，两者相互关联。采空区及底板应力演化具有时空效应，上覆岩层垮落压实作用使底板形成原岩应力区、压缩变形区、卸压膨胀区及应力恢复区。开采厚度对覆岩移动变形及垮落结构演化规律产生影响，导致覆岩转移至采空区的作用力不同，通过影响采空区应力分区范围及卸压值分布规律，最终实现对采空区及底板应力的控制。

3   开采厚度影响采空区应力重分布试验研究

3.1   模型的设计与制作

3.1.1   试验工作面概况

工况一：沙曲矿 22201 工作面，模拟试验开采厚度为 2 m，该工作面所在 2# 煤层赋存于山西组中部，煤层平均厚为 1.07 m，平均倾角为 4°，不含夹矸或偶含一层夹矸，结构简单，工作面标高为＋396～＋486 m，工作面所在煤层柱状图如图 3-1 所示。

工况二：辛安矿 1402 工作面，模拟试验开采厚度为 4 m，该工作面埋深平均为 107 m，煤层平均厚度为 9.3 m，煤层倾角为 3～9°，平均为 6°，为近水平煤层，煤层柱状图如图 3-2 所示。

工况三：大安山矿＋400 水平轴 10 槽工作面，模拟试验开采厚度为 5 m，该工作面布置于轴 10 煤层，分轴 10 上和轴 10 下两个分层组，其中轴 10 上煤层厚度为 0.9～3.2 m，平均煤厚为 3 m，煤层倾角为 19°，轴 10 下平均厚度为 2 m，间距为 0.02～2.00 m，两层局部有合并的现象，模拟试验设计方案为两层合采，模拟方向为走向，煤层柱状图见图 3-3。

3.1.2   模型几何相似比的选取

本次模拟试验台尺寸为 2 m×0.2 m×1.5 m，依据试验台尺寸确定模型几何相似比为 1∶100，最终确定的模拟试样相似比如表 3-1 所列。

表 3-1   试验模型相似比

名称	相似比
几何相似比	$C_L = L_m / L_p = 1 : 100$
密度相似比	$C_\rho = \rho_m / \rho_p = 1 : 1.5$
强度相似比	$C_\sigma = \sigma_m / \sigma_p = 1 : 180$
时间相似比	$C_t = t_m / t_p = \sqrt{C_L} = 1 : 10$
泊松比相似比	$C_\mu = \mu_m / \mu_p = 1$

柱状	厚度/m	岩性描述
	2.25	黑灰色砂质泥岩，中厚产状，裂隙垂直或斜交层面，未充填或方解石充填，平坦及阶梯状端口，半坚硬，含植物碎片化石
	1.46	2号煤，半暗型，中条带状结构，以亮煤及暗煤为主，玻璃光泽
	0.56	深灰色粉砂岩，中厚产状，均匀层理，张节理切穿层面，半坚硬富含植物根茎化石
	1.20	深灰色中砂岩，厚产状，长石、石英砂岩，富含白云母及炭屑，分选中等，次圆状，均匀及小型交错层理
	1.20	黑灰色细砂岩，薄层状，长石、石英砂岩，富含白云母及炭屑，分选好，圆状，缓波状层理，半坚硬
	1.10	黑灰色泥岩，厚产状，平坦及阶梯状端口，半坚硬。含少量植物根茎化石
	0.90	深灰色粉砂岩，厚产状，均匀层理，张节理，半坚硬
	6.42	深灰色中砂岩，厚产状，长石、石英砂岩，下层富含炭屑，分选好，次圆及次棱角状，均匀层理，下部不规则裂隙发育，切节理切穿层面，半坚硬
	3.16	深灰色泥岩，厚产状，均匀层理，张节理，平坦状断口，半坚硬，富含植物碎片、化石
	4.37	3+4号煤，中条带状结构，以亮煤为主，玻璃光泽。夹镜煤及暗煤条带，半亮型，玻璃光泽，内生裂隙发育，夹石为碳质泥岩及泥岩
	1.00	黑灰色泥岩，中厚层状，均匀节理，平坦状断口，半坚硬，富含植物种子，根茎化石
	1.17	深灰色中砂岩，厚层状，长石石英砂岩，富含云母炭屑，分选中等，次棱角状，小型交错节理，半坚硬
	1.90	黑灰色泥岩，薄层状，含黄铁矿结核，裂隙斜交层面，平坦状断口，含海百合茎化石
	3.29	5号煤，中条带状结构，以亮煤为主，玻璃光泽。夹暗煤及煤条带，半亮型，玻璃光泽，夹石为碳质泥岩
	0.50	灰黑色黏土泥岩，中软层状，松软，富含植物根化石

图 3-1   沙曲矿煤层柱状图

柱 状	厚度/m	岩 性 描 述
	8.04	中砂岩
	1.90	泥岩
	1.70	粉砂岩
	1.20	泥岩
	5.0	3#煤层
	1.6	砂质泥岩
	26.4	中砂岩
	2.80	泥岩
	9.3	4#煤层
	2.97	砂质泥岩

图 3-2 辛安矿煤层柱状图

层位	柱状	厚度/m	岩性描述
轴10顶板		33	中细砂岩,深灰色,坚硬,有化石
		3	粉砂岩,深灰色,粉砂质结构,局部含砂,有化石
		1.6	轴12煤层,煤层结构不稳定
		3	粉细砂岩,深灰色,细中粒砂岩
		28	粉砂岩,深灰色,粉砂质结构,局部含细沙
轴10		16	细砂岩,灰白色,细沙状,致密
		5	粉砂岩,深灰色,细中粒砂岩
		3.4	轴10上、轴10下煤层,煤层结构不稳定,含薄层夹矸
		2	
轴10顶板		16	粉细砂岩,深灰色,细、中粒砂岩
		22	粉砂岩,深灰色,粉砂质结构,局部含细沙
		1.4	轴9煤层,煤层结构不稳定
轴9		16	粉砂岩,深灰色,粉砂质结构,局部含砂

图 3-3 大安山矿煤层柱状图

3.1.3 相似模拟材料配比

依据实验室相似材料配比表,材料主要选取了砂子、石灰、石膏、水泥、云母等材料,结合材料强度在配比表中选取配比号,混合各组分材料。上述三组试验配比表如表 3-2~表 3-4 所列,配比号中各数字依次为砂子、石灰、石膏组分。

表 3-2　沙曲矿相似材料配比

岩性	岩石强度/MPa	模型强度/MPa	配比号
	单轴抗压强度	单轴抗压强度	
粉砂岩	43.38	0.238	337
中砂岩	28.11	0.156	437
煤	12.25	0.107	655
砂质泥岩	32.30	0.190	455
泥岩	26.35	0.156	537

表 3-3　辛安矿相似材料配比

岩性	岩石强度/MPa	模型强度/MPa	配比号
	单轴抗压强度	单轴抗压强度	
砂质泥岩	15.80	0.09	473
细粒砂岩	40.30	0.24	355
泥岩	29.47	0.17	537
中砂岩	35.78	0.21	455
粉砂岩	58.80	0.35	337
煤层	12.26	0.07	573

表 3-4　大安山矿相似材料配比

岩性	岩石强度/MPa	模型强度/MPa	配比号
	单轴抗压强度	单轴抗压强度	
中细砂岩	49.65	0.331	337
粉砂岩	30.44	0.203	455
轴 12 煤层	9.50	0.063	673
粉细砂岩	55.44	0.370	337

表 3-4(续)

岩性	岩石强度/MPa	模型强度/MPa	配比号
	单轴抗压	单轴抗压	
粉砂岩	62.25	0.415	337
细砂岩	79.16	0.528	337
粉砂岩	39.75	0.265	355
轴 10 上煤层	10.36	0.069	673
粉砂岩	38.46	0.256	355
轴 10 下煤层	10.36	0.069	673
粉细砂岩	55.72	0.371	337
粉砂岩	31.32	0.209	455

3.1.4　试验信号采集方法与方案设计

（1）试验信号采集

试验主要设备为照相机、BW-0.5 型土压力传感器、TST-3822 数据采集仪、XJTUDP 三维光学摄影测量系统。试验时对采动过程中垮落结构进行了拍照记录，同时采用应力传感器对模型应力数据进行采集，采用三维光学摄影测量系统对岩层位移进行监测。

应力测点布置如图 3-4 所示，测点测线距离煤层底板 3 cm，各测点水平间距为 10 cm，共计 21 个测点，两侧留煤柱各 25 cm，开挖范围为 150 cm。位移测点呈正方形网格分布于顶板岩层，起始测线位于工作面煤层上方 1 cm 处，网格边长为 8 cm。

（a）沙曲矿开挖模型

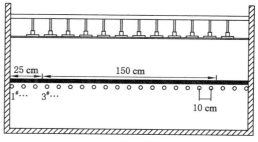

（b）测点布置

图 3-4　开挖模型及应力测点布置示意图

（2）相似模拟方案设计

① 不同地质条件不同开采厚度工作面对比分析

对比分析不同地质条件不同开采厚度工作面，主要为了得到工作面回采过程中顶板岩层垮落演化的一般性规律，包括顶板移动变形范围随开采的演化规律以及岩层垮落结构分带范围随开采的演化规律。选用沙曲矿、辛安矿及大安山矿试验现象及测试数据进行分析。

② 相同地质条件不同开采厚度工作面对比分析

对比分析相同地质条件不同开采厚度工作面，主要为得到随工作面回采过程中，开采厚度对顶板岩层垮落影响的规律，包括开采厚度对顶板移动变形范围演化的影响以及开采厚度对顶板垮落结构分带范围的影响。选用大安山矿为工程背景，设计开采厚度分别为 5 m、8 m，对试验现象及测试数据进行对比分析。

3.2 开采厚度对覆岩垮落压实作用的影响

3.2.1 开采厚度对覆岩运移的影响

（1）覆岩移动变形演化过程

① 沙曲矿 22201 工作面垮落过程分析

试验过程中，当覆岩发生破坏时对模型进行拍照，依据拍照时间进行排序可以得到岩层破坏过程即分带的形成过程。为使分析表述清晰，对垮落结构形成过程中各岩块的垮落先后顺序在图片中进行标注，其中 2 m 开采厚度时顶板垮落岩块分界线较为模糊，因此对图片进行了素描。该工作面开采厚度为 2 m，依据顶板各岩层物理力学性质分析，顶板不含有关键层结构。工作面推进过程中，移动破坏岩层素描图如图 3-5 所示。

图 3-5(a)为工作面初次开挖形成切眼，试验设定开挖步距为 5 m，开采厚度 2 m。应力测点布置于开采层下方，监测垮落过程中支承压力在整个工作面的分布状态。

工作面推进至 65 m 时，见图 3-5(b)，顶板初次垮落，垮落岩层范围为 0～2 m。工作面侧垮落岩层发生滑落未与顶板岩层铰接，开切眼侧有铰接现象，但铰接结构与垮落岩层错断。垮落结构类似梯形，梯形底边长为 60 m，高度为 2 m。

工作面推进至 70 m 时，见图 3-5(c)，顶板岩层形成铰接结构，且铰接结构没有明显断裂，表明岩梁具有一定的弯曲变形能力，当其挠度未达到极限挠度时，岩梁仍呈连续介质状态分布。铰接范围为顶板上方 2～6.5 m，该范围岩层分带

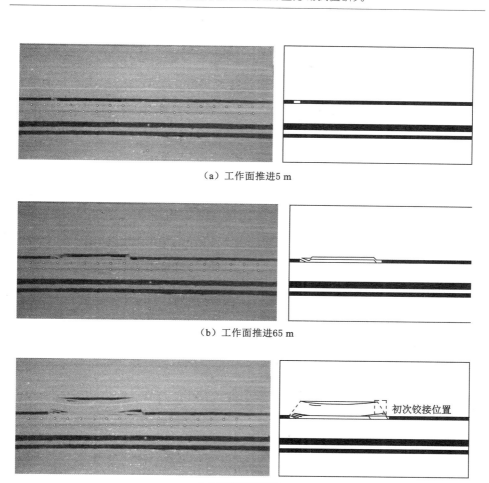

（a）工作面推进5 m

（b）工作面推进65 m

（c）工作面推进70 m

（d）工作面推进90 m

图 3-5　开采厚度为 2 m 时顶板岩层移动破坏演化过程

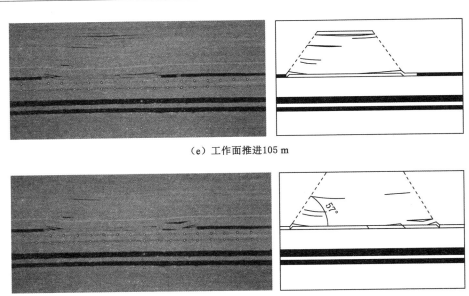

（e）工作面推进105 m

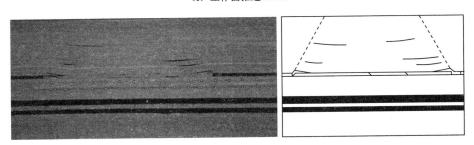

（f）工作面推进115 m

（g）工作面推进130 m

图 3-5（续）

符合弯曲下沉带结构特征。顶板垮落变形范围为梯形,梯形底角为顶板垮落角。梯形底边长为 70 m,高度范围为 2～6.5 m。

　　工作面推进至 90 m 时,见图 3-5(d),顶板铰接结构在走向及垂直方向上进一步扩展,弯曲下层结构范围由 2～8.5 m 扩展至 2～17.0 m。弯曲下沉岩层结构中,离层裂隙存在于弯曲变形最上方及工作面侧和开切眼侧,采空区压实区域未见离层裂隙。由于开采厚度较小,垮落岩层始终未能达到极限挠度。变形范围为梯形,底边长为 90 m,高度范围为 2～17 m。

　　工作面推进至 105 m 时,见图 3-5(e),弯曲下沉结构范围进一步扩展为 2～26.5 m,变形的梯形范围底边长为 90 m,高度范围为 2～26.5 m。此时顶板垮落范围在走向上未发生改变,在垂直方向上依据垮落角按照梯形结构向上进行了扩展。

工作面推进至 115 m 时,见图 3-5(f),弯曲结构范围扩展为 2～33.5 m,变形梯形底边长为 115 m,高度范围为 2～33.5 m,岩层移动范围在走向及垂直方向上均有增加,此时顶板垮落达到相似模型的上边界。

工作面推进至 130 m 时,见图 3-5(g),由于顶板垮落结构以及达到模型上边界,垂直变形范围不再增加,梯形底边扩展至 130 m。

上述试验的垮落过程表明,开采厚度为 2 m 时,顶板发生弯曲变形空间较小,仅在工作面顶板上方 2 m 发生垮落破断,之后随着开采走向长度的增加,岩层悬顶长度增加,挠度增加,岩层移动变形未发生破坏而形成铰接结构,工作面上方 2～33.5 m 范围均可视为弯曲下沉结构。将采动过程中岩层移动演化规律依据发育先后顺序进行描述,可分解为图 3-6 的几何形状描述。

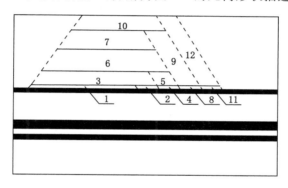

图 3-6   岩层垮落演化规律

图 3-6 为开采厚度 2 m 顶板岩层移动的先后顺序,其中数字 1～12 分别代表顶板岩梁,由 1 开始至 12 结束。将顶板岩层视为梁结构,开挖初期梁 1 达到极限跨距先破坏,同时其挠度达到极限挠度,岩梁发生破坏其自重应力转化为对采空区底板的压应力。之后梁 2 发生破坏,此时梁 3 达到了极限跨距而梁 6 未达到极限跨距,因此破坏终止于梁 6 底部。随着工作面继续推进,梁 4 垮落,梁 5 垮落,此时梁 6 达到极限跨距,同时梁 7 极限跨距小于 6,随 6 移动发生弯曲变形,之后变形破坏过程以此类推。由图中垮落先后顺序分析表明,顶板垮落受到顶板岩梁的极限跨距影响。同时,垮落过程中发生初次垮落时,岩层断裂未形成铰接结构,而在梁 3 弯曲时顶板形成弯曲结构,对比可以发现,梁 3 发生弯曲变形时走向长度较梁 1 大,岩梁弯曲变形在垂直方向上空间一定时,随着岩梁走向长度增加,其极限挠度发生变化,当挠度大于垮落允许空间时,弯曲结构形成。对于梁 1,其达到极限跨距时对应挠度较小,岩梁破坏。

　　沙曲矿相似模拟试验表明,当开采厚度较小且顶板不含有关键层时,顶板岩层变形演化过程较为均匀,变形范围基本呈梯形,试验现象表明,开采厚度较小时,顶板垮落带分布范围较小,同时当顶板不含有关键层结构时,顶板岩层移动变形演化较为均匀。

　　② 辛安矿 1402 工作面垮落过程分析

　　试验模拟开采厚度为 4.0 m。对顶板岩层物理力学参数分析得到该工作面顶板含有 3 层关键层,3 层关键层分别为位于顶板上方 2.8~29.2 m 范围的中砂岩,位于顶板上方 38.8~46.8 m 范围的中砂岩,位于顶板上 51.1~56.4 m 范围的中砂岩。试验过程中对开采阶段岩层移动破坏拍照如图 3-7 所示,图中数字给出了采动过程中的垮落顺序。

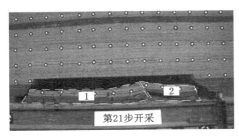

（a）工作面推进105 m

（b）工作面推进115 m

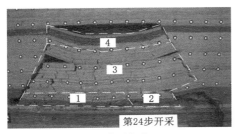

（c）工作面推进120 m

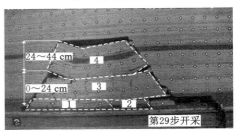

（d）工作面推进145 m

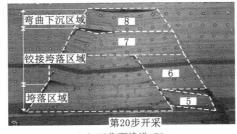

（e）工作面推进150 m

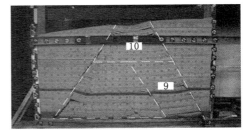

（f）工作面推进160 m

图 3-7　开采厚度为 4 m 时顶板岩层移动破坏演化过程

图 3-7(a)为工作面推进至 105 m 时垮落结构,顶板岩层已发生两次垮断,其中第一次为固支梁断裂,第二次为悬臂梁断裂,垮落未形成铰接结构。当工作面继续推进至 115 m 时,工作面上方悬露岩梁与岩梁 3 同时垮落,由于工作面上方小岩块形成了铰接结构,垮落岩梁 3 在顶板左右两侧形成了不同的结构,在左侧岩梁 3 破坏滑动,右侧铰接。同时岩梁 3 形成了上下两部分,图 3-7(b)中上部分左右两侧均发生铰接,此时顶板岩层初次形成了铰接。当顶板岩层形成铰接结构后,垂直方向上其后续垮落岩层均以铰接结构演化。

图 3-7(c)中,岩梁 4 垮落,此时岩梁铰接,进一步说明了前述铰接结构在垂直方向上的演化特征。当工作面推进 145 m 时,岩梁 2 前方小岩梁掉落,此时右侧铰接的岩梁 3 滑落,由铰接结构变为垮落结构,但岩梁 3 上半部分铰接结构依然保持,这一现象表明,岩层形成铰接结构需要满足一定的垮落空间条件。岩梁 3 在工作面推进 115 m 时形成铰接是由于小岩梁未掉落引起,而其极限挠度及垮落空间不足以满足其形成铰接结构。同时,随着工作面的推进,铰接结构 4 的垂直高度进一步扩大,顶板岩梁破坏范围进一步扩大,破坏范围走向长度未发生改变,垂直方向上铰接范围扩展至 24～44 m。垮落带范围保持不变,仍然为 0～24 m 范围。

图 3-7(e)中,岩梁 5 发生垮落,随后其上方岩梁 6 垮落,随着工作面推进,覆岩移动破坏范围进一步发展,移动破坏范围在走向及垂直方向均增加,其中垂直方向上,垮落带范围保持不变,裂隙带铰接结构范围增加至最大值,出现弯曲下沉结构。随着工作面进一步推进,如图 3-7(f)所示,顶板垮落结构进一步得到发展,但当裂隙带范围达到最大值形成弯曲下沉带时,随着工作面走向推进,裂隙带范围将保持恒定不变。

总结开采厚度 4 m 工作面推进过程中岩层垮落结构演化规律可以发现,与开采厚度为 2 m 覆岩移动分带特征明显不同,在开采厚度 2 m 时,顶板垮落带范围较小。辛安矿顶板含有 3 层关键层结构,随工作面推进过程中,当关键层跨距达到极限跨距且下方自由空间不足以支撑岩梁时,关键层发生破断,关键层破断后上覆岩层大范围垮落。当开采厚度增加且含有关键层时,顶板岩层垮落演化具有突变性,岩层垮落"三带"的形成同样表现为非均匀特征,岩梁 4、7、10 所在层位为关键层分布层位,由垮落结构特征图可知,垮落结构发育至关键层时,"三带"分布能够在短期内稳定,当达到关键层的极限跨距时,垮落带、裂隙带范围发生突变。其中关键层 10 在采动结束仍然保持稳定,此时由于下方岩层的碎胀特征,关键层 10 下方自由空间减小,关键层未发生破坏,其上方岩层处于弯曲下沉带。由上述分析可知,在顶板垮落结构形成过程中,关键层起到控制作用,关键层的破断与否对"三带"分布范围影响较大,而关键层的破断受到开采厚度的影响。

③ 大安山矿+400 水平轴 10 槽工作面垮落过程分析

大安山矿将轴 10 上下煤层合采,其开采厚度为 5 m,其顶板上方含有一层厚度为 28 m 的粉砂岩,该岩层为主关键层。图 3-8 给出了随工作面推进顶板岩层移动破坏演化过程。

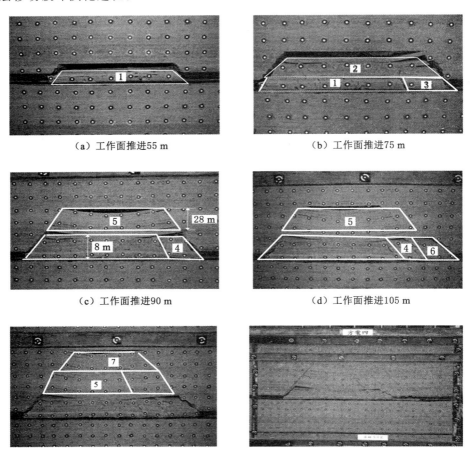

（a）工作面推进55 m　　　　　　　（b）工作面推进75 m

（c）工作面推进90 m　　　　　　　（d）工作面推进105 m

（e）工作面推进115 m　　　　　　　（f）工作面推进130 m

图 3-8　开采厚度为 5 m 时顶板岩层移动破坏演化过程

图 3-8(a)为工作面推进至 55 m 时的垮落结构图,由于煤层顶板含有一层厚度为 22 m 的关键层,顶板初次来压步距较大,垮落高度为 4 m。当工作面继续向前推进至 75 m 时,如图 3-8(b)所示,岩梁 3 垮落,此时岩梁 2 所在岩层达到极限破断距,岩梁破断垮落,垮落范围约为 8 m。

如图 3-8(c)所示,随着工作面继续推进,当岩梁 5 所在岩层达到极限破断距时,垮落范围在垂直方向上继续延伸。但此时岩梁 5 未形成铰接结构,岩梁 5 发生弯曲变形,顶板垮落结构进入到弯曲下沉带。结合前述分析,顶板结构的形成与垮落允许空间和岩梁自身的极限挠度相关。岩梁 5 所在岩层为岩梁关键层,岩梁 1~4 垮落后由于岩层自身的碎胀作用,岩梁 5 垮落空间减小,同时由于岩梁跨距增加,其挠度值增加,满足形成弯曲结构的条件。而对于岩梁 1、2,虽然其与岩梁 5 具有相同的力学属性,但其对应的垮落允许范围较大,因此进入了垮落带。由此可知,顶板垮落分带特征与顶板岩性及垮落自由空间密切相关,且顶板垮落分带不一定都具有"三带"结构。图 3-8(d)中,水平推进距离继续增加垂直方向弯曲结构范围未发生变化。

当推进距离增加至 115 m 时,如图 3-8(e)所示,弯曲岩梁 5 水平方向扩展,之后块体 7 弯曲下沉,弯曲下沉带走向及垂直方向范围随工作面推进而增加。工作面推进 130 m 时,开采结束,如图 3-8(f)所示,可以看出顶板仅存在"两带"发育结构,垮落带最终范围为 8 m,弯曲下沉带最终发育至地表。

大安山矿开采厚度为 5 m,煤层上方存在主关键层,由试验结果可知,顶板垮落带终止于主关键层下方,随着工作面推进距离的增加,主关键层未发生破断,主关键层控制的上方岩层最终形成了弯曲下沉结构。

上述试验表明,当采动引起的关键层结构发生破断时,顶板垮落结构范围增加,顶板能够形成的垮落带、裂隙带范围较为明显,当关键层结构不发生破断时,关键层结构承载的上方岩层均处于弯曲下沉带。

（2）覆岩移动变形范围演化规律

基于上述岩层移动变形及垮落结构分布范围演化的描述,对覆岩移动变形规律进行了量化的描述,以工作面推进距离为自变量,对应的移动变形范围的高度为应变量。依据试验观测结果,不同推进距离对应的移动变形范围的垂直方向高度为采动过程中离层裂隙发育的最大高度。

① 2 m 开采厚度不含关键层"三带"范围演化

沙曲矿开采厚度为 2 m,顶板无关键层结构,顶板主要形成结构为弯曲下沉结构,依据垮落结构关键步骤照片,可以得到岩层移动变形范围与工作面推进距离的关系,如图 3-9 所示。

图 3-9 表明,当顶板无关键层结构时,顶板岩层移动范围与工作面推进距离呈线性关系,移动范围呈相似梯形扩展,初次垮落距为 60 m;初次垮落后,顶板发生垮落时工作面推进距离的增加量对应图中横线长度,图中横线长度较为接近,说明岩层移动变形区域发展均匀。

② 4 m 开采厚度含关键层"三带"范围演化

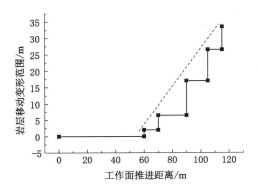

图 3-9　开采厚度为 2 m 时岩层移动变形范围与工作面推进距离关系

　　辛安矿开采厚度为 4 m,顶板有 3 层关键层结构,顶板形成结构为垮落带、裂隙带、弯曲下沉带,依据垮落结构,得到岩层移动变形范围与工作面推进距离的关系,如图 3-10 所示。

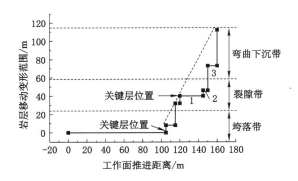

图 3-10　开采厚度为 4 m 时岩层移动变形范围与工作面推进距离关系

　　图 3-10 表明,随工作面推进,岩层移动范围与工作面推进距离整体上仍然呈线性变化规律,达到初次垮落之后,移动变形范围的增加量与工作面推进距离的增加量呈线性关系。图中 1、2、3 所示横向距离较短,可近似认为是同一次破断引起的移动范围增加,而此处对应的移动变形范围的垂直方向高度为关键层所在层位。因此,当顶板岩层含有关键层结构时,岩层移动同样呈相似梯形扩展,且梯形扩展比例与关键层结构密切相关。当关键层强度较大时,梯形扩展范围较大,覆岩移动变形范围扩展的比例突增,但移动变形扩展的区域仍然与之前扩展区域相似,即工作面推进距离增加量与移动变形范围垂直方向增加量仍然

成比例。

③5 m开采厚度含关键层"三带"范围演化

大安山矿开采厚度为5 m,顶板距离开采层较近位置有一层关键层结构,当工作面初次破断时,关键层发生弯曲变形,之后顶板覆岩以弯曲变形结构在走向上及工作面垂直方向上扩展。初次垮落后,工作面推进距离的增加量与岩层移动变形范围的增加量近似呈线性分布。顶板无关键层结构时,移动变形范围的演化较为均匀。其岩层移动变形范围与工作推进距离关系如图3-11所示。

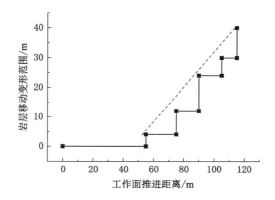

图 3-11　开采厚度为 5 m 时岩层移动变形范围与工作面推进距离关系

(3)开采厚度对移动变形演化规律的影响

① 相同工作面不同开采厚度覆岩移动变形演化

大安山矿设计开采厚度为5 m,顶板含有一层关键层,关键层距离开采层较近,为获取开采厚度对垮落结构的影响,在相同模型堆砌条件的基础上,开展了8 m开采厚度顶板岩层移动破坏规律研究,如图3-12所示。

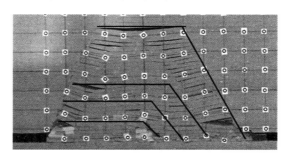

图 3-12　开采厚度为 8 m 时顶板岩层移动破坏演化规律

图 3-12 为大安山矿地质背景条件下,开采厚度 8 m 时,随工作面推进覆岩移动变形及垮落结构演化规律,工作面推进至 60 m 时,直接顶发生破断,对应顶板垮落范围为 5 m,垮落结构处于垮落带;工作面继续推进至 70 m 时,顶板垮落范围增加至 14 m,新扩展的垮落结构处于裂隙带;随着工作面继续推进,当工作面推进至 90 m 时,顶板移动变形范围继续扩展,移动变形范围垂直方向上扩展至 22 m,新扩展的垮落结构属于裂隙带;继续推进至 110 m,移动变形范围垂直方向上扩展至 40 m,垮落结构处于裂隙带,裂隙范围进一步增加。

② 开采厚度对覆岩移动变形范围演化的影响

相同开采条件不同开采厚度作用下的顶板岩层移动变形范围与工作面推进距离关系,如图 3-13所示。不同开采厚度条件下,顶板岩层移动变形演化规律较为接近,而覆岩垮落结构分带范围存在差异,开采厚度为 8 m 时顶板上方垮落范围内全部为垮落带及裂隙带结构,开采厚度为 5 m 时顶板上方仅 4 m 范围为垮落带,其余部分为弯曲下沉结构。对比分析表明,工作面推进过程中,当覆岩岩性确定后,其顶板岩层移动变形范围演化过程较为接近,此时可依据开采厚度计算得到不同开采厚度条件下顶板垮落结构的分布范围,结合移动变形范围演化规律分析底板支承压力的演化规律。

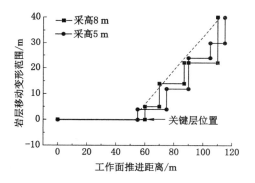

图 3-13 不同开采厚度岩层移动变形范围与工作面推进距离关系

(4) 覆岩移动变形演化规律的分析

顶板岩层初次垮落后,随工作面推进距离的增加,工作面推进距离和初次来压步距之差与岩层移动变形范围高度的增加量呈线性相关,可用如下关系式表示:

$$\frac{L-L_s}{h_w - h'_w} = \eta \tag{3-1}$$

式中 L——工作面推进距离;

L_s——初次来压步距；

h_w——顶板岩层移动变形垂直范围；

h'_w——初次来压时顶板移动变形垂直范围；

η——比例系数。

将覆岩移动变形演化过程视为梯形的演化，演化范围的走向增加量及垂直方向增加量成比例，表明演化过程中梯形以一定比例增加量在不断扩大，当顶板不含关键层结构时，扩大比例基本不变，当顶板含关键层，演化至关键层下方时，岩层移动变形范围扩展比例突增。顶板岩层的移动变形整体规律可以用图3-14表示，这一结论与文献[126]一致。

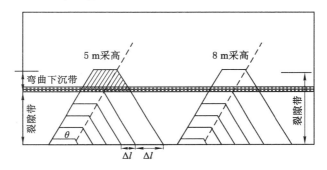

图 3-14　垮落结构演化规律

演化过程中，移动变形梯形范围以一定比例系数增加，当变形范围发展至关键层下方时，关键层极限跨距使得移动变形梯形范围突增，如图3-14中 Δl 所示。由图3-14中几何关系可知，各岩层的极限跨距决定了梯形范围的走向扩展步距，图中虚线与岩层移动变形范围边界平行，移动变形范围高度变化量始终与走向范围变化量成比例，即 η 恒定。由图示几何关系可知：

$$\eta = \frac{\tan\theta}{2} \tag{3-2}$$

式中　θ——顶板岩层的垮落角。

不同开采厚度条件下顶板覆岩移动变形范围接近，开采厚度影响了某一状态移动变形范围内分带结构的分布。在相同覆岩移动范围内，开采厚度5 m条件下存在裂隙带和弯曲下沉带，而开采厚度8 m条件下，原有弯曲下沉带的位置转换为裂隙带。

3.2.2　开采厚度对垮落结构分布范围的影响

（1）不同开采厚度工作面裂隙带发育高度演化规律

　　为进一步分析分带范围内垮落结构分布的演化规律,对比分析了不同工作面推进过程中裂隙带随开采的演化规律。图 3-15(a)开采厚度为 2 m,顶板裂隙带范围较小,且在垮落结构演化过程中,裂隙带范围不发生改变。图 3-15(b)中工作面顶板初次垮断后,随着工作面推进,裂隙带范围近似呈指数函数关系演化,当遇到关键层时,裂隙带范围不变,在工作面推进距离为 120 m,当关键层发生破断时,裂隙带范围突然增加,之后裂隙带范围稳定在顶板上方 60 m 不发生变化。图 3-15(c)中,初始阶段工作面由 55 m 推进至 75 m 过程中,裂隙带范围呈指数关系增加,之后随着工作面推进,裂隙带范围达到最大值,恒定不变。

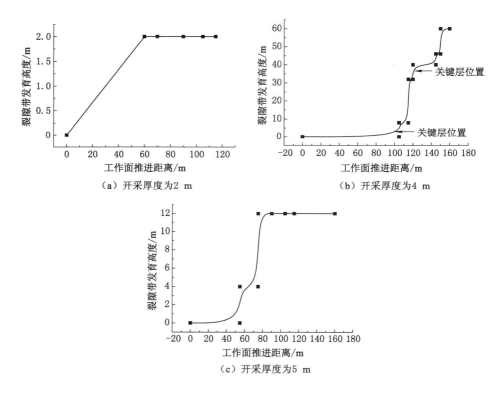

图 3-15　不同地质条件及开采厚度下裂隙带发育高度演化规律

　　(2)相同地质条件不同开采厚度工作面裂隙带发育高度演化规律

　　图 3-16 中,相同地质条件下,随着工作面推进,开采厚度为 5 m 时,顶板上方关键层发生弯曲变形,裂隙带范围扩展终止;当开采厚度增加时,关键层发生破断,此时裂隙带范围突增,并且随着工作面继续推进,裂隙带范围呈指数增加。

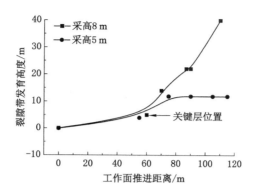

图 3-16 相同地质条件不同开采厚度下裂隙带发育高度演化规律

开采厚度较小时,如在开采厚度 2 m 条件下,顶板形成垮落带及裂隙带结构范围较小,随着开采厚度增大,有利于垮落带、裂隙带范围的扩大,但垮落带、裂隙带范围的增加受到关键层的控制,因此,顶板垮落带、裂隙带的高度是由开采厚度与顶板关键层的力学性质共同决定的,在对顶板裂隙带范围进行判定时需要综合考虑两者的关系。同时在裂隙带范围演化的过程中,关键层对裂隙带范围的演化起到控制作用,当裂隙带范围增加至关键层位置,且关键层不发生破断时,裂隙带范围保持稳定,当关键层破断时,裂隙带范围突增。

(3) 开采厚度对垮落结构演化的影响

由于裂隙带同样可视为非连续的介质,将垮落带范围和裂隙带范围统称为垮落结构范围。对比不同开采厚度时垮落结构范围演化规律与移动变形范围演化规律发现,开采厚度仅影响采动过程中岩层分带范围的分布情况,即分带范围的最终分布形态,而不影响垮落结构的形成过程。因此,在对覆岩移动变形演化规律分析时,移动变形范围确定后,可依据开采厚度对应的垮落结构分带范围确定不同推进状态对应的移动变形范围内的垮落结构分布范围。

3.2.3 不同开采厚度覆岩垮落压实的演化过程

相同工作面随采动覆岩移动变形范围的演化规律相同,且分带范围确定后,覆岩移动变形范围内的分带范围分布与最终的分带范围分布相关。对比分析不同开采厚度条件下覆岩对底板的压实作用,不同开采厚度顶板"三带"演化过程见图 3-17,工作面推进过程中,范围 1 内形成垮落结构,1 上方存在离层空隙。随着垮落结构的发展,直至发展至 4 时,弯曲下沉结构开始向采空区加载。当开采厚度较大时,弯曲下沉带加载采空区时对应的工作面推进距离较长,当开采厚度较小时,弯曲下沉带加载采空区对应的工作面推进距离较短,弯曲下沉带是向底板传递覆岩应力的主要结构。开采初期,在相同移动变形范围内不同开采厚度条件下垮落结构均未影响至弯曲下沉带,如图 3-17 中的 a 段。两种开采厚度在这一阶段转移至底板的应力值可视为相同;当工作面推进距离为 a+b 范围时,开采厚度较大工作面上覆岩层对底板作用力仍为垮落带和裂隙带自重,而开采厚度较小工作面上覆岩层对底板作用力包含垮落带及裂隙带自重应力以及弯曲下沉带转移的上覆岩层自重应力;当推进距离大于 a+b 范围时,两者弯曲下沉带均对底板进行加载,但由于开采厚度不同导致垮落带范围有差异,使得弯曲岩梁对底板的加载作用力不同。

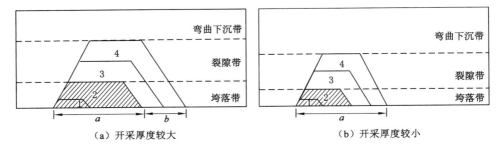

图 3-17　不同开采厚度顶板"三带"演化过程

上述分析表明,开采厚度增加对初始开采阶段底板卸压影响较大,覆岩对底板压实应力差异最大位置为工作面由 a 推进至 a+b 范围,开采初期相同移动变形范围内,开采厚度较大工作面转移至底板的应力值小于等于开采厚度条件较小工作面。

3.3　开采厚度对采空区应力分布及底板传递的影响

3.3.1　采空区应力分布规律

(1) 沙曲矿 22201 工作面支承压力分析

试验获取了采空区应力值的分布规律,图 3-18 给出了工作面推进不同距离对应的模型底板下方 3 m 处测线测点的应力分布。

当工作面推进至 30 m 时,采空区中部应力由 12 MPa 卸载到 8 MPa。随着工作面推进,当其推进至 60 m 时,由于此时顶板仍然未垮落,采空区卸压值进一

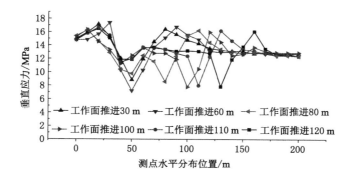

图 3-18 开采厚度为 2 m 时工作面推进过程中采空区垂直应力分布曲线

步增加,同时工作面两侧支撑压力增加。工作面推进至 80 m 时,顶板发生弯曲下沉,顶板下沉结构触底,部分采空区被压实,但其压实范围为 10~20 m,支承压力作用范围增加,支承压力峰值较推进至 80 m 时减小。工作面推进至 100 m 时,压实作用范围为 40~50 m,采空区压实作用较开采 80 m 时加强,采空区卸压值减小,工作面支承压力峰值下降,工作面侧采空区卸压峰值增加。工作面推进至 110 m 时,采空区范围内卸压值与 100 m 时接近,采空区卸压强度峰值未改变,支承压力峰值基本不变,表明此时开采趋于稳定,此时仅压实范围发生变化。工作面推进至 120 m 进一步表明,当工作面覆岩移动破坏稳定时,支承压力以稳定的值发展,发展过程中应力极值不发生变化,仅压实范围增加。

(2) 辛安矿 1402 工作面支承压力分析

图 3-19 中,当工作面推进至 30 m 时,采空区中部应力降低至 1 MPa。当工作面推进至 60 m 时,顶板未垮落,卸压范围扩大,应力值卸载至 1.5 MPa,此处估计 5# 测点出现异常,卸压值未能大于开挖至 30 m 时的。工作面推进至 90 m 时,压实范围为 60~70 m,采空区卸压至 2.12 MPa,此时顶板发生垮落,采空区被压实。当工作面推进至 120 m 时,采空区中部应力恢复至 3.8 MPa,最终当开采结束时,工作面推进至 150 m 时,采空区应力恢复至原岩应力值。

(3) 大安山矿+400 水平轴 10 槽工作面支承压力分析

图 3-20 为开采厚度 5 m 时随工作面推进测点垂直应力分布曲线,其中针对主要垮落结构发生时刻提取了应力数据。当工作面推进至 30 m 时,采空区中部卸压值为 13.3 MPa,随着工作面推进,顶板岩层未垮落,卸压进一步发展。工作面推进至 60 m 时,卸压至 13.5 MPa,卸压值未发生明显增加,卸压宽度发生了变化。工作面推进至 90 m 时,顶板岩层垮落,垮落范围对采空区加载,采空区应力恢复,但未恢复至初始应力值,压实稳定应力为 16.6 MPa,此时工作面及

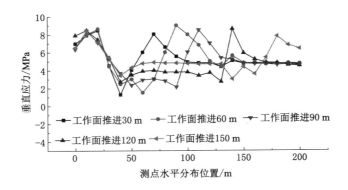

图 3-19　开采厚度为 4 m 时工作面推进过程中采空区垂直应力分布曲线

开切眼侧卸压值大于采空区卸压值,采空区卸压范围为 40～50 m。工作面继续推进,垮落发展进入弯曲变形阶段,由应力数据可知,此时采空区应力恢复距离较大,当工作面推进至 100 m 时,采空区应力恢复至 16.9 MPa。当开采结束后,采空区应力恢复至 17.1 MPa,最终停采后采空区未恢复至初始应力值。

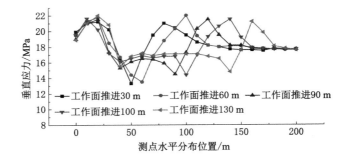

图 3-20　开采厚度为 5 m 时工作面推进过程中采空区垂直应力分布曲线

（4）大安山矿不同开采厚度工作面支承压力分析对比分析

图 3-21 为相同地质条件不同开采厚度工作面推进过程中采空区垂直应力分布曲线。当工作面推进至 90 m 时,开采厚度 5 m 工作面采空区覆岩移动变形范围内含有垮落带与弯曲下沉带两种结构,而开采厚度 8 m 工作面采空区覆岩移动变形范围内含垮落带结构,此时开采厚度 5 m 工作面采空区卸压范围及卸压值较开采厚度 8 m 时增加。随着工作面继续推进至 130 m 时,开采厚度 5 m 工作面采空区上方弯曲下沉结构范围增加,开采厚度 8 m 工作面采空区上方垮落结构范围增加,此时开采厚度 8 m 卸压范围较开采厚度 5 m 卸压范围

大,但采空区应力恢复值较开采厚度 5 m 时增加。

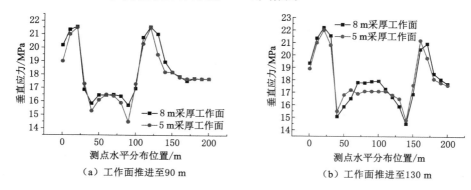

（a）工作面推进至90 m　　　　　　（b）工作面推进至130 m

图 3-21　不同开采厚度工作面推进过程中采空区垂直应力对比

3.3.2　垮落结构分布范围对采空区应力分布的影响

沙曲矿试验结果表明,当开采厚度较小,形成弯曲下沉带范围较大时,卸压效果不明显。辛安矿试验结果表明,开采厚度增加时,采空区覆岩易形成垮落带、裂隙带结构,垮落带、裂隙带结构不利于底板卸压,对应的采空区应力恢复距离较短。大安山矿试验表明,当开采厚度较大且形成弯曲下沉带范围较大时,卸压效果较好,卸压区范围较大。底板卸压效果由弯曲下沉结构分布范围及开采厚度共同影响。

同时,对比相同地质条件,不同开采厚度条件下对应的采空区底板卸压情况,表明底板卸压与垮落结构分布范围时空演化规律相关。当工作面推进距离较小,且移动变形范围在垂直方向发育范围较小时,由于移动变形范围内分布结构不同,开采厚度 5 m 工作面采空区卸压情况好于 8 m 开采厚度工作面,随着工作面推进至 130 m,开采厚度 8 m 工作面形成"三带"结构,5 m 开采厚度工作面仅含有弯曲下沉带与垮落带结构,此时开采厚度 8 m 工作面底板应力恢复距离增加,但卸压值减小。

开采厚度增加有利于弯曲下沉结构的卸压,但开采厚度增加会减小弯曲下沉结构的垮落带、裂隙带范围,不利于卸压。因此,需要进一步分析开采厚度对弯曲下沉带卸压的影响,在此基础上选取合适的开采厚度,使垮落带、裂隙带及弯曲下沉带分布范围达到最优组合。

3.4 本章小结

（1）本章得到了不同开采厚度不同地质条件下覆岩移动变形范围演化规律。随工作面推进顶板岩层初次破断后，工作面推进距离和初次来压步距之差与岩层移动变形范围高度的增加量呈线性相关，可用如下关系式表示：

$$\frac{L - L_s}{h_w - h_w'} = \eta$$

覆岩移动变形范围演化过程视为梯形演化，当顶板不含关键层结构时，移动变形范围的扩展过程较为均匀，当顶板含关键层时，岩层移动变形范围扩展受关键层结构影响，覆岩移动变形范围扩展随关键层的破断突增，范围扩展对应的走向及垂直方向增加量仍然符合上述关系式。

（2）工作面顶板初次垮断后，随着工作面推进，裂隙带高度近似呈指数函数关系演化，当遇到关键层时，裂隙带高度不变，当关键层发生破断时，裂隙带高度发生突变。

（3）分析得到了开采厚度影响底板应力分布的机制。开采厚度增加，且具有弯曲下沉结构时，卸压区域范围增加，有利于底板卸压。开采厚度增加使弯曲下沉结构的范围减小，垮落带、裂隙带范围增加，卸压区域范围减小，不利于底板的卸压。开采厚度的减小有利于弯曲下沉结构范围的增加，但开采厚度较小时，卸压区域范围减小，弯曲下沉结构卸压作用不明显。底板卸压效果由弯曲下沉结构分布范围及开采厚度共同影响，开采厚度通过影响垮落结构分布范围对底板应力分布产生影响。

（4）分析得到了开采厚度影响底板应力时空演化规律的机制。对于相同地质条件下不同开采厚度工作面，随工作面推进岩层移动变形范围演化规律近似相同，开采厚度影响了覆岩垮落结构的分带范围。覆岩移动变形范围演化过程中，移动变形范围内的垮落结构分带范围不同造成了覆岩对采空区的压实作用不同，进而使采空区应力演化规律不同。

4 开采厚度调控采空区应力分布机理研究

4.1 采空区支承压力计算

4.1.1 计算方法

（1）不同垮落结构对底板作用力特征分析

覆岩垮落结构决定了其对采空区底板的作用力方式。结合"三带"理论，采动过程中在顶板垂向范围上，分别为垮落带、裂隙带、弯曲下沉带三种结构，"三带"分布如图 4-1 所示。本节结合已有对于"三带"结构特征的研究，对顶板垮落结构作用于底板的应力进行分析。

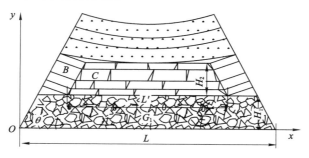

图 4-1 "三带"分布图

① 垮落带应力转移特征

a. 不规则性

垮落带岩层破碎较为严重，岩层破碎块体较小，且由于初始阶段采空区自由空间较大，能够满足垮落块体的充分旋转变形，垮落岩层无规则地堆积于采空区。通常垮落块体的块度与顶板岩层的坚硬程度相关。垮落岩块填满采空区后，可将其视为非连续介质，自重应力全部转移至底板，因此垮落带对底板作用力可视为图中垮落带范围梯形载荷。

b. 碎胀性

垮落带岩石碎胀性主要是由于岩石破坏后卸荷回弹和无规则堆积而引起的。一般情况下,垮落带岩层的碎胀系数可选择为 $1.10\sim1.99$,碎胀系数越大表明破碎岩体对采出空间的回填作用越大。由于岩石具有碎胀性,因此采出空间一定时,随着垮落岩层范围的增加,碎胀岩石膨胀变形量抵消采出空间的体积,使得岩层垮落范围终止于顶板某一层位。

c. 可压缩性

由于碎胀岩块位于上覆裂隙带及弯曲下沉带下方,由于其无规则的堆积特征,造成碎胀岩块堆积体含有大量的孔洞,同时岩块自身又为弹性体,因此在覆岩对垮落带岩层加载时,垮落带岩层具有一定的可压缩性。

② 裂隙带应力转移特征

裂隙带岩体可视为砌体梁结构[127],对底板作用力由两部分构成,一部分为图 4-1 中 L' 所在范围应力,该范围内应力计算方法同垮落带的,另一部应力为铰接结构传递应力,见图 4-2。

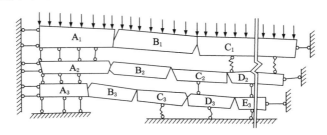

图 4-2　砌体梁结构

从砌体梁全结构计算可知,离层悬露岩块 B 块的重量几乎全由前支承点承担,且岩块 B、C 间剪切力接近零,因此关键块体 B 的自重应力转移至工作面两侧煤柱,同时 B 块与 A 块、C 块间为点接触,由于砌体梁结构的堆积状态较为规则,仅传递水平方向的应力。由砌体梁结构分析可知,当砌体梁结构破断稳定后,各部分断裂岩梁间只存在水平应力而不存在剪应力,水平应力作用下,断裂岩梁对于采空区应力作用可以近似为裂隙带梯形范围的自重应力。

③ 弯曲下沉带应力转移特征

弯曲下沉带位于裂隙带以上直至地表。弯曲下沉带岩层的变形特征与岩性相关。当岩层强度较大时,顶板岩层表现为逐层弯曲的变形特征,而当顶板岩层强度较小时,弯曲下沉带岩层在覆岩自重应力的作用下可能发生整体剪切错断,如图 4-3 所示。

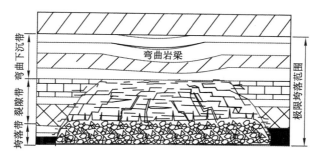

图 4-3　弯曲下沉带结构

（2）垮落带、裂隙带对采空区作用力分析

依据垮落结构特征可知，垮落带、裂隙带岩层破坏后可近似认为对于采空区的作用力为其自身的自重应力。垮落带岩层垮落后，其形状近似看作梯形，梯形底边为工作面推进的走向长度，梯形高为垮落岩层垂向范围。依据图 4-1 坐标系，垮落带在底板应力分布方程为：

$$q = \begin{cases} \gamma x \tan \theta, 0 \leqslant x < \cot \theta(H_1 + H_2) \\ \gamma(H_1 + H_2), \cot \theta(H_1 + H_2) \leqslant x \leqslant L - \cot \theta(H_1 + H_2) \\ \gamma(L - x)\tan \theta, L - \cot \theta(H_1 + H_2) < x \leqslant L \end{cases} \quad (4\text{-}1)$$

式中，H_1 为垮落带范围；H_2 为裂隙带范围；θ 为顶板岩层垮落角；γ 为上覆岩层平均容重；x 为采空区不同位置距离采场边缘的长度。

（3）弯曲下沉带对底板作用力分析

当煤层开采后，垮落带破碎岩块分布于采空区，且随着垮落带范围的增加，依据垮落岩层的碎胀特性，垮落空间的面积逐渐减小，垮落带上方岩层发生弯曲变形的自由空间减小，垮落结构发育终止，垮落带岩层充满整个采空区。此时裂隙带内岩层结构开始发育，裂隙带内岩层对垮落结构具有一定的压缩作用，使得裂隙带与弯曲下沉带之间产生一定的离层裂隙。

由于岩层岩性不同，当顶板岩层满足在该离层空间内不发生断裂的条件时，即形成弯曲下沉结构。弯曲下沉结构以下方垮落带及裂隙带为垫层。由于弯曲岩梁未发生破坏，可将其视为弹性地基梁求解，其中垮落带与裂隙带岩层共同组成了弯曲岩梁的弹性地基。由于裂隙带岩层可压缩性较弱，弹性地基的性质由垮落带岩层的压缩性质确定，弯曲岩梁受力模型如图 4-4 所示。

（4）弯曲下沉带对采空区作用力的求解

① 基本假设

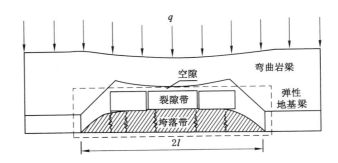

图 4-4　弯曲岩梁受力模型

　　依据文献[128],对于弯曲下沉带的岩梁,可假设为下方垮落带岩层填满整个采空区,此时位于垮落带上方的裂隙带对下方垮落带产生压缩作用,现场实测及裂隙带经验计算公式表明,对于一般埋深(500～800 m)煤层开采,裂隙带在整个岩层垮落变形范围内分布范围有限,因此裂隙带对于下方的垮落带的压缩性有限。同时弯曲岩梁对于采空区垮落垫层的压缩量有限,对应岩梁跨距较大的岩梁,其弯曲变形可视为小变形,因此弯曲岩梁变形初始阶段可依据弹性地基梁的基本假设条件进行求解[129]。当开采厚度较大时垫层可压缩范围增加,导致弹性地基梁破坏时,此时弹性岩梁破断,其对于底板作用力的方式改变,不能继续采用弹性地基梁进行分析。

　　② 弯曲下沉岩梁对采空区作用力计算模型

　　由前述分析可知,覆岩垮落稳定后弯曲岩梁在工作面后方一定距离达到压实稳定状态,因此弯曲变形影响范围仅为工作面后方的一定范围内。因此弯曲岩梁可视为半无限平面的弹性地基梁,弯曲岩梁的受力简图如图 4-5 所示[130]。

　　将弯曲岩梁下方垫层视为弹性介质,此时由于弯曲岩梁由两部分垫层组成[131],近似认为弯曲岩梁下方垫层满足 Winkler 地基假设,即

$$p = -ky \tag{4-2}$$

式中　　k——地基系数,与岩梁下方垫层相关;

　　　　y——弯曲岩梁竖向位移;

　　　　p——垫层对弯曲岩梁产生的反力。

　　由弯曲岩梁对垫层作用力平衡可知:

$$\begin{cases} p_1(x) = k_i w_1(x), 0 \leqslant x \leqslant l \\ p_2(x) = k_j w_2(x), x \leqslant 0 \end{cases} \tag{4-3}$$

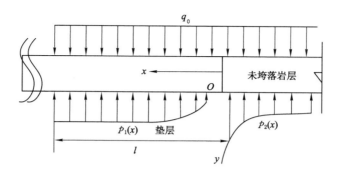

图 4-5 弯曲岩梁受力简图

式中 $p_1(x),p_2(x)$——地基对基本顶岩梁的支撑力；

  $w_i(x)$——弯曲岩梁下沉挠度；

  k_i,k_j——弹性地基系数，k_i 由垮落带的分布范围决定，与开采厚度相关，

  k_j 由弯曲岩梁下方的岩层性质决定。

梁的弯曲变形方程可写为：

$$\begin{cases} EI\ \dfrac{\mathrm{d}^4 w_1(x)}{\mathrm{d}x^4}+k_i\left[w_1(x)-u\right]=q_0\,,0\leqslant x\leqslant l \\[2mm] EI\ \dfrac{\mathrm{d}^4 w_2(x)}{\mathrm{d}x^4}+k_j w_2(x)=q_0\,,x\leqslant 0 \end{cases} \tag{4-4}$$

令 $\beta_1=\sqrt[4]{\dfrac{k_i}{4EI}}$，$\beta_2=\sqrt[4]{\dfrac{k_j}{4EI}}$，则式（4-4）为：

$$\begin{cases} \dfrac{\mathrm{d}^4 w_1(x)}{\mathrm{d}x^4}+4\beta_1^4\left[w_1(x)-u\right]=\dfrac{q_0}{EI}\,,0\leqslant x\leqslant l \\[2mm] \dfrac{\mathrm{d}^4 w_2(x)}{\mathrm{d}x^4}+4\beta_2^4 w_2(x)=\dfrac{q_0}{EI}\,,x\leqslant 0 \end{cases} \tag{4-5}$$

对式（4-5）进行求解得到：

$$\begin{cases} w_1(x)=\mathrm{e}^{-\beta_1 x}(A\cos\beta_1 x+B\sin\beta_1 x)+\dfrac{q_0}{k_i}+u\,,0\leqslant x\leqslant l \\[2mm] w_2(x)=\mathrm{e}^{-\beta_2 x}(C\cos\beta_2 x+D\sin\beta_2 x)+\dfrac{q_0}{k_j}\,,x\leqslant 0 \end{cases} \tag{4-6}$$

考虑变形的连续性，认为不同垫层上方岩梁在交界处的变量相等，进一步计算得到 A、B、C、D 为：

$$\begin{cases} A = -\left(\dfrac{q_0}{k_i} + u\right) \\[2mm] B = \dfrac{\beta_1 - \beta_2}{\beta_1 + \beta_2}\left(\dfrac{q_0}{k_i} + u\right) \\[2mm] C = \dfrac{\beta_1^2}{\beta_2^2}\left(\dfrac{q_0}{k_1} + u\right) \\[2mm] D = \dfrac{\beta_2 - \beta_1}{\beta_1 + \beta_2}\left(\dfrac{q_0}{k_1} + u\right) \end{cases} \tag{4-7}$$

得到弯曲岩梁在垮落垫层部分的挠曲线方程分别为：

$$\begin{cases} w_1(x) = \mathrm{e}^{-\beta_1 x}(\dfrac{\beta_1 - \beta_2}{\beta_1 + \beta_2}\sin\beta_1 x - \cos\beta_1 x) \cdot \left(\dfrac{q_0}{k_i} + u\right) + \dfrac{q_0}{k_i} + u, 0 \leqslant x \leqslant l \\[3mm] w_2(x) = \mathrm{e}^{-\beta_2 x}(\dfrac{\beta_2 - \beta_1}{\beta_1 + \beta_2}\sin\beta_2 x + \cos\beta_2 x) \cdot \left(\dfrac{q_0}{k_i} + u\right) \cdot \dfrac{\beta_1^2}{\beta_2^2} + \dfrac{q_0}{k_j}, x \leqslant 0 \end{cases} \tag{4-8}$$

将式(4-8)分别乘以对应的地基系数，得到垮落岩层垫层和岩层对顶板的作用力如下：

$$\begin{cases} p_1(x) = k_i \mathrm{e}^{-\beta_1 x}(\dfrac{\beta_1 - \beta_2}{\beta_1 + \beta_2}\sin\beta_1 x - \cos\beta_1 x) \cdot \left(\dfrac{q_0}{k_i} + u\right) + q_0, 0 \leqslant x \leqslant l \\[3mm] p_2(x) = k_j \mathrm{e}^{-\beta_2 x}(\dfrac{\beta_2 - \beta_1}{\beta_1 + \beta_2}\sin\beta_2 x + \cos\beta_2 x) \cdot \left(\dfrac{q_0}{k_i} + u\right) \cdot \dfrac{\beta_1^2}{\beta_2^2} + q_0, x \leqslant 0 \end{cases} \tag{4-9}$$

式中　u——弯曲下沉岩梁下沉时与裂隙带的空隙间距。

进一步求解，得到弯曲岩梁的弯矩计算公式如下：

$$\begin{cases} M_1(x) = 2EI\mathrm{e}^{-\beta_1 x}(\dfrac{\beta_1^2\beta_2 - \beta_1^3}{\beta_1 + \beta_2}\cos\beta_1 x - \beta_1^2\sin\beta_1 x) \cdot \left(\dfrac{q_0}{k_1} + u\right) \\[3mm] M_2(x) = 2EI\mathrm{e}^{-\beta_2 x}(\dfrac{\beta_2^2\beta_1 - \beta_2^3}{\beta_1 + \beta_2}\cos\beta_2 x + \beta_2^2\sin\beta_2 x) \cdot \left(\dfrac{q_0}{k_1} + u\right) \cdot \dfrac{\beta_1^2}{\beta_2^2} \end{cases} \tag{4-10}$$

式中　E——弯曲岩梁的弹性模量，在平面应变条件下，弹性模量应取为原始弹性模量 $1/(1-v^2)$；

　　　I——中心轴的惯性矩，$I = bh^3/12$。

进一步求解得到弯曲应力的表达式为：

$$\begin{cases} \sigma_1(x) = \dfrac{12}{bh^2}EI\mathrm{e}^{-\beta_1 x}(\dfrac{\beta_1^2\beta_2 - \beta_1^3}{\beta_1 + \beta_2}\cos\beta_1 x - \beta_1^2\sin\beta_1 x) \cdot \left(\dfrac{q_0}{k_1} + u\right) \\[3mm] \sigma_2(x) = \dfrac{12}{bh^2}EI\mathrm{e}^{-\beta_2 x}(\dfrac{\beta_2^2\beta_1 - \beta_2^3}{\beta_1 + \beta_2}\cos\beta_2 x + \beta_2^2\sin\beta_2 x) \cdot \left(\dfrac{q_0}{k_1} + u\right) \cdot \dfrac{\beta_1^2}{\beta_2^2} \end{cases} \tag{4-11}$$

依据式(4-11)得到不同开采厚度条件下弯曲岩梁应力方程,当弯曲岩梁最大弯曲应力达到岩梁抗拉强度时岩梁发生破坏。

(5)采空区支承压力分布

上述分析将采空区支承压力分布分为两部分,分别为垮落带、裂隙带支承压力和弯曲下沉带支承压力,对应的计算式分别为式(4-1)及式(4-9),将两部分应力值进行叠加,即可得到采空区支承压力的分布状态。现阶段对底板应力研究中,通常将支承压力各分段简化为线性分布形式,采用线性分布的支承压力计算底板应力分布形式更为实用,在获取采空区应力恢复范围后,即可得到支承压力的近似分布情况[132],同样依据式(4-1)及式(4-9)可以获取采空区应力恢复范围,最终得到支承压力在采空区的分布状态。

4.1.2 计算参数的确定方法

(1)弯曲岩梁对采空区作用力计算模型参数

依据上述计算模型,在弯曲岩梁对采空区作用力计算中,主要的影响参数为岩梁承载的载荷、弯曲岩梁弹性地基的地基系数、弯曲岩梁下方空隙高度及弯曲岩梁自身的力学性质,分别对上述参数计算方法进行分析。

① 弯曲岩梁载荷

a. 岩层移动变形的工作面长度控制范围

根据工作面开采的短边效应,工作面长度确定后,工作面上方可发生"充分采动"的岩层范围可以确定。依据关键层结构对作用于底板的岩层进行分组,关键层分布见图4-6。依据岩层垮落角,可以依据式(4-12)计算上方对应的3层关键层的跨距。

工作面长度为L_x,岩层垮落角为θ,各关键层距离煤层顶板分别为a、b、c,依据图4-6所示几何关系,可以计算工作面顶板各关键层跨距。

$$\begin{cases} L_1 = L_x - 2\cot\theta \cdot a \\ L_2 = L_x - 2\cot\theta \cdot b \\ L_3 = L_x - 2\cot\theta \cdot c \end{cases} \tag{4-12}$$

分别判定L_1、L_2、L_3是否达到各关键层的极限跨距,若L_1、L_2达到极限跨距,而L_3未达到极限跨距,则在走向推进的过程中,工作面推进长度$L > L_x$时,L_3下方岩层进入"充分采动"状态,而L_3及其上方岩层,在工作面长度控制下,以组合梁的形式发生变形,并对下方岩层进行加载。

由上述分析可知,在三维采场中,覆岩对底板作用力分为两部分,其一为工作面斜长控制的垮落范围内岩层对底板的作用力,由于该范围内岩层均达到极限跨距,随采动变形最终能够达到充分采动状态,对底板作用力为其自重应力。

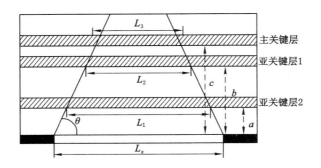

图 4-6　顶板关键层分布

而对于工作面斜长控制范围以外的岩层,由于未达到极限跨距,在工作面推进过程中不能达到充分采动状态,对底板作用力可视为组合梁结构,可依据组合梁作用力计算方法得到。

b. 弯曲变形岩梁的载荷确定

依据工作面开采厚度,可确定影响覆岩应力转移的顶板弯曲变形岩梁的位置,当工作面上方弯曲变形岩梁位置确定后,可依据斜长对上覆岩层的影响范围来判定弯曲变形岩梁的载荷。当弯曲变形岩梁位于斜长控制的垮落范围内时,此时弯曲变形岩梁的载荷由两部分组成,分别为垮落范围内弯曲变形岩梁上方的岩层自重应力和垮落范围以外组合岩梁的作用力。当弯曲变形岩梁位于垮落范围以外时,弯曲变形岩梁的载荷依据组合岩梁的特征进行计算。

c. 组合岩梁作用力计算

走向推进过程中,岩层移动变形范围逐渐向上发展,工作面推进过程中,覆岩作用于采空区的应力可依据组合梁原理计算得到,如图 4-7 所示。

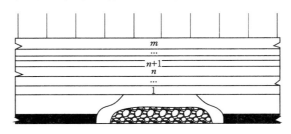

图 4-7　关键层载荷计算图

根据"组合梁理论",n 层岩层各自的截面上的剪力 Q 和弯矩 M,共同组成了组合梁任一截面上的剪力 Q 和弯矩 M,它们之间的关系式为:

$$Q = Q_1 + Q_2 + \cdots + Q_n \tag{4-13}$$

$$M = M_1 + M_2 + \cdots + M_n \tag{4-14}$$

组合梁中各个岩层在其自重和上覆岩层的作用下，每层岩层的变形曲率不相同。根据材料力学中曲率 ζ 和弯矩 M 之间的物理关系，可知第 i 层岩梁的曲率 ζ_i 和组合梁弯矩 $(M_i)_x$ 之间的关系，如式(4-15)所示。

$$\zeta_i = \frac{1}{\rho_i} = \frac{(M_i)_x}{E_i I_i} \tag{4-15}$$

式中　ρ_i——第 i 层岩梁的曲率半径；

E_i——第 i 层岩梁的弹性模量；

I_i——第 i 层岩梁惯性矩。

由于组合梁变形挠度值较小，且组合梁跨度较大，通常情况下可将组合梁各岩层弯矩视为相同，得到式(4-16)：

$$\frac{M_1}{E_1 I_1} = \frac{M_2}{E_2 I_2} = \cdots = \frac{M_n}{E_n I_n} \tag{4-16}$$

即

$$\frac{(M_1)_x}{(M_2)_x} = \frac{E_1 I_1}{E_2 I_2}, \frac{(M_1)_x}{(M_3)_x} = \frac{E_1 I_1}{E_3 I_3}, \cdots, \frac{(M_1)_x}{(M_n)_x} = \frac{E_1 I_1}{E_n I_n} \tag{4-17}$$

而

$$M_x = (M_1)_x + (M_2)_x + \cdots + (M_n)_x \tag{4-18}$$

$$M_x = (M_1)_x \left(1 + \frac{E_2 I_2 + E_3 I_3 + \cdots + E_n I_n}{E_1 I_1}\right)_x \tag{4-19}$$

$$(M_1)_x = \frac{E_1 I_1 \cdot M_x}{E_1 I_1 + E_2 I_2 + \cdots + E_n I_n} \tag{4-20}$$

由于 $\dfrac{\mathrm{d}M}{\mathrm{d}x} = Q$，故

$$(Q_1)_x = \frac{E_1 I_1 \cdot Q_x}{E_1 I_1 + E_2 I_2 + \cdots + E_n I_n} \tag{4-21}$$

且 $\dfrac{\mathrm{d}Q}{\mathrm{d}x} = q$，则

$$(q_1)_x = \frac{E_1 I_1 \cdot q_x}{E_1 I_1 + E_2 I_2 + \cdots + E_n I_n} \tag{4-22}$$

式中，$q_x = \gamma_1 h_1 + \gamma_2 h_2 + \cdots + \gamma_n h_n$；$I_1 = \dfrac{b h_1^3}{12}, I_2 = \dfrac{b h_2^3}{12}, \cdots, I_n = \dfrac{b h_n^3}{12}$；$h_i$ 为各层岩梁的厚度；$(q_1)_x$ 即为考虑到 n 层对第 1 层(基本顶)影响时形成的载荷，即 $(q_n)_1$，由此可得：

$$(q_n)_1 = \frac{E_1 h_1^3 (\gamma_1 h_1 + \gamma_1 h_1 + \cdots + \gamma_n h_n)}{E_1 h_1^3 + E_2 h_2^3 + \cdots + E_n h_n^3} \tag{4-23}$$

如果$(q_n)_1 > (q_{n+1})_1$,则$(q_n)_1$为弯曲岩梁的载荷,在计算过程中如果一直出现$(q_{n+1})_1 > (q_n)_1$,这时弯曲岩梁的载荷为上覆岩层重量之和,即弯曲岩梁载荷$q = \gamma_1 h_1 + \gamma_2 h_2 + \cdots + \gamma_n h_n$。

② 弯曲岩梁的地基系数

弯曲变形岩梁的地基系数分为两部分,分别为弯曲岩梁对应采空区范围内的垮落带岩层组成的特性地基的地基系数,及弯曲变形岩梁在岩层中,其下方岩层组成的弹性地基的地基系数。

a. 采空区范围的地基系数

由文献[133]可知,砌体结构相对于垮落结构其可压缩性较小,在计算中可以忽略不计,因此弯曲岩梁的地基系数可近似认为是垮落带岩层的弹性模量。

由于垮落垫层压缩过程中,先进行空隙结构的压缩,压实过程中应力应变呈现指数关系[134-136]。因此,在弯曲岩梁计算时,需要确定弯曲岩梁变形时对应的地基系数。依据 Salamon 公式计算得到不同开采厚度条件下对应的垮落垫层压缩量与支承反力的关系式,由于垮落垫层的压缩具有非线性变化特征,为使前述构建的弹性地基梁计算模型简化,采取近似的方法得到地基系数。预先估算弯曲岩梁载荷,依据垮落垫层与支承反力的关系式划定应力变形量曲线,依据弯曲岩梁载荷在该曲线上选取对应的支承反力点,以该点对应的切线值作为弹性地基的地基系数。

b. 弯曲岩梁端头下方地基系数

对于弯曲岩梁端头下方弹性地基,可以依据式(4-24)进行计算。

$$k = \frac{\sigma}{y} = \frac{E_1 E_2}{E_1 h_2 + E_2 h_1} \qquad (4\text{-}24)$$

式中　k——地基系数;

　　　E_1, E_2——弯曲岩梁下方相邻岩层弹性模量;

　　　h_1, h_2——相邻岩层厚度。

③ 弯曲下沉岩梁与裂隙带离层裂隙的宽度

垮落岩层填满整个开采空间,裂隙带与弯曲下方岩梁的离层裂隙产生可视为裂隙带岩层对垮落带垫层的压缩作用。压缩量 u 可依据裂隙带岩层的自重 γH_2 及垮落岩层垫层的地基系数 k_i 确定。

$$u = \frac{\gamma H_2}{k_i} \qquad (4\text{-}25)$$

(2) 开采厚度对采空区作用力计算模型参数的影响

上述参数均与岩层垮落结构分布范围相关,岩层垮落结构分布范围又与开采厚度相关,因此分析开采厚度对岩层垮落结构的影响,构建开采厚度与岩层垮落结构分布范围的相互关系,依据岩层垮落结构分布范围与上述参数的相互关系即可得到不同开采厚度条件下的采空区范围支承压力分布。

①　开采厚度对垮落带、裂隙带分布范围的影响

上述计算模型中,将弯曲岩梁下方的垮落带、裂隙带视为弹性地基,垮落结构分布范围对地基系数有影响,因此开展了垮落带、裂隙带分布范围的研究。

a. 均匀岩性条件下垮落结构分布范围

垮落带及裂隙带范围可采用下述经验公式确定[137],该公式将顶板岩性进行均一化处理,将顶板岩层视为均匀岩性处理。垮落带高度计算的统计经验公式如下:

$$H_1 = \frac{100h_m}{c_1 h_m + c_2} \tag{4-26}$$

式中　h_m——开采厚度;

　　　c_1 , c_2——相关系数,与顶板岩性相关。

同岩性条件下参数 c_1 , c_2 选取见表 4-1。裂隙带计算公式见表 4-2。

表 4-1　垮落带高度计算公式系数

直接顶类型	单轴抗压强度/MPa	系数	
		c_1	c_2
坚硬	>40	2.1	16
中硬	20~40	4.7	19
软弱	<20	6.2	32

表 4-2　裂隙带高度计算公式

岩性	倾角 0°~54°		倾角 55°~90°
	计算公式之一/m	计算公式之二/m	
坚硬	$H_d = \dfrac{100\sum M}{1.2\sum M + 2.0} \pm 8.9$	$H_d = 30\sqrt{\sum M} + 10$	$H_d = \dfrac{100Mh}{4.1h + 133} \pm 8.4$
中硬	$H_d = \dfrac{100\sum M}{1.6\sum M + 3.6} \pm 5.6$	$H_d = 20\sqrt{\sum M} + 10$	$H_d = \dfrac{100Mh}{7.5h + 293} \pm 7.3$
软弱	$H_d = \dfrac{100\sum M}{3.1\sum M + 5.0} \pm 4.0$	$H_d = 10\sqrt{\sum M} + 10$	$H_d = \dfrac{100Mh}{7.5h + 293} \pm 7.3$
极软弱	$H_d = \dfrac{100\sum M}{5.0\sum M + 8.0} \pm 3.0$		

注:$\sum M$ 为累计开采厚度,公式应用范围为单层开采厚度 1~3 m,累计不超过 15 m。

b. 含关键层结构顶板垮落结构分布范围

前述试验分析表明,关键层结构对垮落结构分带范围的影响较大,当开采厚度增加至能够使关键层破坏时,关键层破断使垮落带及裂隙带范围突增。许家林等[138-139]基于关键层位置得到了导水裂隙带高度的预计方法,该方法构建了主关键层能否破断与开采厚度之间的关联,认为当关键层与开采层间距为7~10倍的开采厚度范围内时,主关键层发生破断,导水裂隙带发展至基岩顶部,当主关键层位于7~10倍开采厚度以外时,导水裂隙带将发育至临界高度上方最近的关键层下部。该方法能够对含关键层结构的导水裂隙带高度进行判定,但不能给出关键层破断失稳前与垮落结构相互作用关系,且未能考虑岩层碎胀特性对垮落结构发育终止的影响。

依据关键层结构及均匀岩层覆岩垮落特征,将关键层下方岩层视为均匀岩层,而对于关键层结构的破断单独进行考虑。依据前述试验分析,关键层阻碍了垮落结构在垂直方向上的发展,因此给定不同的开采厚度,可预先判定关键层是否能够发生破坏,当判定关键层能够发生破坏时,分带范围可依据经验公式进行计算。当判定关键层结构不能发生破断时,分带范围发育至关键层下方终止。关键层结构能否发生破断可依据前述构建的弯曲下沉岩梁变形分析模型进行判定,前述计算模型中给出了关键层弯曲应力的计算公式(4-11)。当已知开采厚度后,可依据开采厚度得到弯曲下沉岩梁下方地基系数及空隙高度,结合式(4-11)即可判定岩梁的破坏情况,依据岩梁的破坏情况可进一步获取垮落结构的分带范围。

② 垮落带范围对地基系数的影响

a. 垮落带岩层的应力应变特性

垮落带岩体的应力应变特征决定了弯曲下沉带下方地基系数。采空区压缩特征可采用 Salamon 经验公式描述,依据文献[140]可知,随着工作面回采,垮落结构填满采空区,垮落带碎胀岩块支承应力为:

$$F_f = \frac{E_0 \varepsilon}{1 - \varepsilon / \varepsilon_m} \tag{4-27}$$

式中 E_0——初始切线模量,MPa;

ε——应变;

ε_m——最大线应变。

垮落带破碎岩石的最大线应变 ε_m 可采用式(4-28)计算,此时认为上部载荷无限大,垮落带内破碎岩石被完全压实。

$$\varepsilon_m = \frac{B - 1}{B} \tag{4-28}$$

式中　B——体积碎胀系数。

根据采空区岩体性质室内大量试验研究结果对 E_0 进行拟合计算,推导出初始切线模量公式如下:

$$E_0 = \frac{10.39\sigma_c^{1.042}}{B^{7.7}} \qquad (4\text{-}29)$$

式中　σ_c——岩块单轴抗压强度。

应变量为压缩变形量与垮落岩层总高度的比值,即

$$\varepsilon = \frac{h_y}{H_1} = h_y / \frac{h_m}{B-1} \qquad (4\text{-}30)$$

式中　h_y——垮落带压缩量。

将式(4-29)~式(4-30)代入式(4-27)中,得到被压缩岩层的反作用力:

$$F_f = \frac{\dfrac{10.39\sigma_c^{1.042}}{B^{7.7}}(h_y / \dfrac{h_m}{B-1})}{1 - (h_y / \dfrac{h_m}{B-1}) / \left(\dfrac{B-1}{B}\right)} \qquad (4\text{-}31)$$

上述分析中假设采空区能够被垮落垫层填满,当开采厚度为 h_m 时,对应垮落带高度为:

$$H_1 = \frac{h_m}{B-1} \qquad (4\text{-}32)$$

联立式(4-26)、式(4-32)即可得到采空区被完全填满时,开采厚度与碎胀系数的关系式:

$$B = 1 + 0.01(c_1 h_m + c_2) \qquad (4\text{-}33)$$

将式(4-33)代入式(4-31)中,得到不同开采厚度条件下对应的垮落带岩层的应力应变关系。

b. 裂隙带岩层的应力应变特性

裂隙带岩层位于垮落带岩层上方与垮落带岩层共同组成了弯曲岩梁的弹性地基,而裂隙带岩层的可压缩性较小,因此在对弯曲岩梁地基系数进行分析时,通常以垮落带岩层的应力应变特性来确定。

c. 垮落带范围对地基系数的影响

对于开采厚度影响垮落带范围,开采厚度越大对应的垮落带范围越大,对应的碎胀系数越大,可压缩性越强。结合前述垮落带岩层应力应变特征,当开采厚度分别为 h_{m1}、h_{m2},作用相同应力时,垫层的压缩量分别为 h_{y1} 和 h_{y2},地基系数分别为 k_1、k_2。由式(4-30)和式(4-31)可以得到如下关系式:

$$\frac{k_1}{k_2} = \frac{h_{y2}}{h_{y1}} = \frac{h_{m2}}{h_{m1}} \qquad (4\text{-}34)$$

上述表明,开采厚度增加后,垮落带范围增加,相同压应力条件下压缩量增加为原来的 h_{m2}/h_{m1} 倍,弹性地基系数减小为原来的 h_{m1}/h_{m2} 倍,垮落带范围增加对应地基系数减小。

③ 垮落带范围对弯曲岩梁下方空隙的影响

a. 均匀岩层条件开采厚度对弯曲岩梁下方空隙的影响

对于均匀岩层,裂隙带范围 H_2 可依据表 4-1～表 4-2 给出的经验公式进行确定:

$$H_2 = H_d - H_1 \tag{4-35}$$

对弯曲岩梁作用力分析时,对于垮落垫层压缩量可依据裂隙带岩层对垮落岩层的压缩作用获取,此时压缩量即为弯曲岩梁变形时下方的空隙高度,其计算方法如下:

$$\frac{\dfrac{10.39\sigma_c^{1.042}}{B^{7.7}}(h_y/\dfrac{h_m}{B-1})}{1-(h_y/\dfrac{h_m}{B-1})/\left(\dfrac{B-1}{B}\right)} = H_2\gamma \tag{4-36}$$

式中 γ——裂隙带岩层容重。

由裂隙带范围计算的经验公式可知,随着开采厚度增加,垮落带范围增加,裂隙带范围同样增加,同时由于垮落带范围增加对应的弹性地基系数减小。裂隙带范围增加,弹性地基系数的减小最终将导致空隙高度的增加。

b. 含关键层结构时开采厚度对关键层下方空隙的影响

弯曲岩梁空隙高度变化过程如图 4-8 所示。关键层距离煤层底板高度为 a 时,当开采厚度影响的垮落范围达到关键层下方时,对应的临界开采厚度 b 为:

$$b = a(B-1) \tag{4-37}$$

若实际开采中,开采厚度大于该临界厚度 b 时,随着开采厚度增加,关键层下方的空隙高度将逐渐增加,空隙高度为:

$$u = h_m - b \tag{4-38}$$

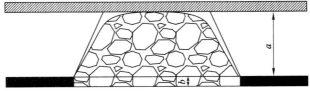

图 4-8 弯曲岩梁空隙高度变化过程

④ 垮落带范围对弯曲岩梁载荷的影响

开采厚度变化过程中,对应的垮落带范围增加,依据垮落带范围对地基系数的影响,开采厚度主要是通过改变垮落带范围使地基系数发生改变影响弯曲岩梁变形,弯曲岩梁位于开采厚度影响的垮落带范围以上,因此弯曲岩梁载荷不受开采厚度影响。

4.2　工作面前方支承压力计算

4.2.1　计算方法

对于工作面前方的支承压力可采用极限平衡法[141]进行计算,建立图 4-9 所示的坐标系,对工作面前方不同位置煤体进行极限平衡分析,划定弹性区及塑性区的范围。

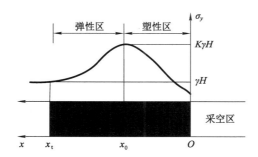

图 4-9　工作面前方支承压力分区

从图 4-9 中塑性区内取出单元体,由其水平方向上受力平衡可知:

$$h_{\mathrm{m}}(\sigma_x + \mathrm{d}\sigma_x) - h_{\mathrm{m}}\sigma_x - 2f\sigma_y \mathrm{d}x = 0 \tag{4-39}$$

式中　σ_x——煤体水平应力;

　　　h_{m}——煤层厚度;

　　　f——层面摩擦因数。

假定塑性区内煤体屈服满足莫尔-库仑准则,即

$$\sigma_y = \sigma_c + \frac{1 + \sin\varphi}{1 - \sin\varphi}\sigma_x \tag{4-40}$$

式中　σ_c——煤体单轴抗压强度;

　　　φ——煤体内摩擦角。

将式(4-40)代入式(4-39)并考虑边界条件,解得

$$\sigma_y = N_0 \mathrm{e}^{\frac{2fx(1+\sin\varphi)}{M(1-\sin\varphi)}} \tag{4-41}$$

将 $\sigma_y = K\gamma H$ 代入式(4-41),可得支承压力峰值位置与煤壁的距离为:

$$x_0 = \frac{h_\mathrm{m}}{2f} \frac{1+\sin\varphi}{1-\sin\varphi} \ln\left(\frac{K\gamma H}{N_0}\right) \tag{4-42}$$

式中　K——工作面前方应力集中系数;

　　　N_0——煤壁竖直方向支撑力;

　　　γH——上覆岩层自重应力。

从图 4-9 中弹性区内取出一单元体,由其水平方向上受力平衡可知:

$$h_\mathrm{m}(\sigma_x + \mathrm{d}\sigma_x) - h_\mathrm{m}\sigma_x + 2f\sigma_y\mathrm{d}x = 0 \tag{4-43}$$

在弹性区内,有

$$\sigma_x = \lambda\sigma_y \tag{4-44}$$

$$\mathrm{d}\sigma_x = \lambda\mathrm{d}\sigma_y \tag{4-45}$$

式中　λ——侧压系数。

将式(4-44)、式(4-45)代入式(4-43),并考边界条件,解得

$$\sigma_y = K\gamma H \mathrm{e}^{\frac{2fx}{h_\mathrm{m}}(x-x_0)} \tag{4-46}$$

$$x_\mathrm{t} = x_0 + \frac{h_\mathrm{m}}{2f\lambda}\ln K \tag{4-47}$$

式(4-41)、式(4-42)、式(4-46)、式(4-47)给出了工作面前方支承压力的计算方法,对于开切眼后方,可认为与工作面前方一致。

4.2.2　计算参数的确定方法

上述计算给出了工作面前方支承压力的计算方法,但对于未开采工作面,应力集中系数无法测定,因此无法计算工作面前方支承压力的分布形式。基于前述分析,通过理论计算可以求解得到采空区支承压力分布,依据采场上覆岩层载荷守恒计算模型[142],采空区范围内卸压区域的应力减小总量等于工作面前方应力增加区域的总量,因此可以得到如下关系式计算工作面前方应力集中系数:

$$\frac{1}{2}x_\mathrm{t}(K-1)\gamma H = \frac{1}{2}L_\mathrm{c}\gamma H$$

化简得:

$$x_\mathrm{t}(K-1) = L_\mathrm{c} \tag{4-48}$$

式中　L_c——采空区应力恢复距离。

联立式(4-42)、式(4-47)、式(4-48)即可得到支承压力分布状态。

4.3　采空区应力分布及其在底板传递规律的计算

4.3.1　计算方法

（1）计算模型

底板应力理论计算方面，可采用半无限平面的弹性理论解法，首先依据开采状态得到底板支承压力，之后以该支承压力分布形式对底板下方任意一点的应力值进行计算。为简化计算过程，且在底板应力分析中往往关注的重点为应力增量，因此可采用应力增量表征底板应力卸压值的分布状态。

① 顶板初次来压之前煤层底板应力增量计算模型

初次来压之前，顶板岩层未垮落，上覆岩层应力转移至采场周边煤柱，工作面前方及采空区应力增量如图 4-10 所示，图中应力增量分为 3 段，分别为 $Q_1(x)$、$Q_2(x)$、$Q_3(x)$。其中应力增量的最大值为 $(K-1)q$。各分段的表达式如下：

$$Q_1(x) = \frac{(x+a_1)(K-1)p}{a_1}, -a_1 \leqslant x \leqslant 0$$

$$Q_2(x) = -p, 0 \leqslant x \leqslant a_2$$

$$Q_3(x) = \frac{(x-a_2-a_3)(K-1)p}{a_3}, a_2 \leqslant x \leqslant a_3$$

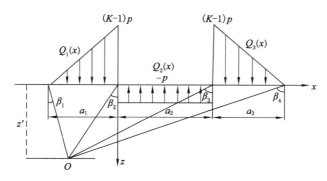

图 4-10　初次来压前底板应力增量计算简化图

β_1、β_2、β_3 依据图 4-10 中几何关系确定，将 $Q_1(x)$、$Q_2(x)$、$Q_3(x)$、β_1、β_2、β_3 代入底板应力计算公式中，可计算得到附加应力各分段的应力增量值，将每段应力增量进行叠加可求得任一点总应力增量，即

$$\Delta\sigma_z = \Delta\sigma_{z1} + \Delta\sigma_{z2} + \Delta\sigma_{z3}$$

$$\Delta\sigma_x = \Delta\sigma_{x1} + \Delta\sigma_{x2} + \Delta\sigma_{x3}$$

$$\Delta\tau_{xz} = \Delta\tau_{xz1} + \Delta\tau_{xz2} + \Delta\tau_{xz3}$$

② 开采充分采动之前煤层底板应力计算模型

顶板初次来压后,垮落岩层对底板产生压缩作用,此时对应采空区的应力状态发生改变,同时工作面前方的增压区域分为两段,分别对应前述工作面前方的弹性区与塑性区。如图 4-11 所示,应力增量最大值为 $(K'-1)p'$,且底板应力的分布受到工作面前方及采空区后方支承压力的共同影响,因此充分采动之前支承压力在底板的分布可分解为 8 段,分别计算各段对底板某一位置的作用力,并进行叠加得到该点的应力分布状态。

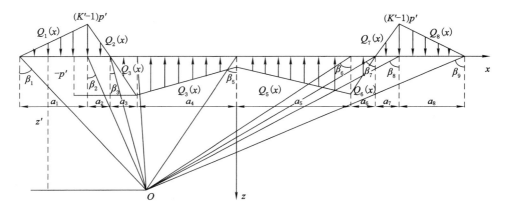

图 4-11　充分采动前底板应力增量计算简化图

$$Q_1(x) = \frac{(x + a_1 + a_2 + a_3 + a_4)(K'-1)p'}{a_1}, -a_1 - a_2 - a_3 - a_4 \leqslant x \leqslant$$

$a_2 - a_3 - a_4$

$$Q_2(x) = \frac{(x + a_3 + a_4)(K'-1)p'}{a_2}, -a_2 - a_3 - a_4 \leqslant x \leqslant a_3 - a_4$$

$$Q_3(x) = \frac{(x + a_3 + a_4)(K'-1)p'}{a_3}, -a_3 - a_4 \leqslant x \leqslant -a_4$$

$$Q_4(x) = \frac{x(K'-1)p'}{a_4}, -a_4 \leqslant x \leqslant 0$$

$$Q_5(x) = \frac{x(K'-1)p'}{a_5}, -a_5 \leqslant x \leqslant 0$$

$$Q_6(x) = \frac{(x - a_5 - a_6)(K'-1)p'}{a_6}, a_5 \leqslant x \leqslant a_5 + a_6$$

$$Q_7(x) = \frac{(x - a_5 - a_6 - a_7)(K' - 1)p'}{a_7}, a_5 + a_6 \leqslant x \leqslant a_5 + a_6 + a_7$$

$$Q_8(x) = \frac{(x - a_5 - a_6 - a_7 - a_8)(K' - 1)p'}{a_8}, a_5 + a_6 + a_7 \leqslant x \leqslant a_5 + a_6 +$$

$a_7 + a_8$

在获取附加应力分布函数后,底板下方任意位置附加应力计算同充分采动时附加应力计算方法。

③ 开采充分采动后煤层底板应力计算模型

当开采达到充分采动状态时,顶板岩层垮落发育至地表,采空区应力恢复至原岩应力。此时对应的底板应力增量如图 4-12 所示。相对于非冲刺采动阶段,此时由于应力恢复至原岩应力,对应的 $p' \rightarrow p$,附加应力分布函数如下所述:

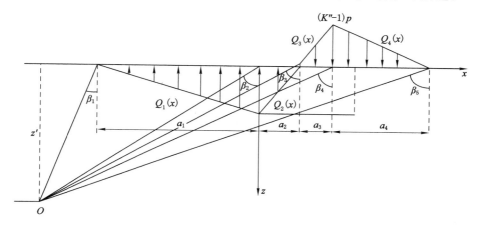

图 4-12　充分采动后底板应力增量计算简化图

$$Q_1(x) = \frac{(x + a_1)(K'' - 1)p}{a_1}, -a_1 \leqslant x \leqslant 0$$

$$Q_2(x) = \frac{(x - a_2)(K'' - 1)p}{a_2}, 0 \leqslant x \leqslant a_2$$

$$Q_3(x) = \frac{(x - a_2)(K'' - 1)p}{a_3}, a_2 \leqslant x \leqslant a_2 + a_3$$

$$Q_4(x) = \frac{(x - a_2 - a_3 - a_4)(K'' - 1)p}{a_4}, a_2 + a_3 \leqslant x \leqslant a_2 + a_3 + a_4$$

（2）求解方法

上述计算模型中,将不同支承压力分为若干段,分别计算各分段对底板下方任意一点的作用力,之后将各段应力值进行叠加,即可得到该点的应力值。

4.3.2　计算参数的确定方法

由上述计算模型可知,底板应力计算的参数为支承压力分布的形态参数。上述计算中把支承压力在工作面走向上进行分段,因此主要参数为各分段的长度 $a_1 \sim a_8$,应力集中系数 K,上述各参数通过 4.1 和 4.2 的计算即可得到。获取了底板支承压力的分布状态后,可以采用弹性力学理论计算底板应力的分布,通常情况下底板支承压力分布函数为非线性函数,在计算中将其简化为线性分布函数,主要有以下两种分布形式。

均布载荷作用下,半无限平面体中任一点 N 的垂直应力可采用计算模型求解,如图 4-13 所示。N 为底板下方任意一点,该点受均布载荷 q 的作用,均布载荷作用范围为 $(0, -a)$,N 点坐标为 (x, z),N 点处受到均布载荷作用的垂直应力见式 $(4-49) \sim$ 式 $(4-51)$。

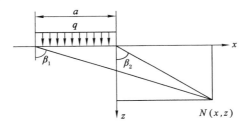

图 4-13　均布载荷底板应力计算模型

$$\sigma_z = \frac{q}{\pi}\left(\beta_1 + \frac{1}{2}\sin 2\beta_1 - \beta_2 - \frac{1}{2}\sin 2\beta_2\right) \tag{4-49}$$

$$\sigma_x = \frac{q}{\pi}\left(\beta_1 - \frac{1}{2}\sin 2\beta_1 - \beta_2 + \frac{1}{2}\sin 2\beta_2\right) \tag{4-50}$$

$$\tau_{xz} = \frac{q}{2\pi}(\cos 2\beta_2 - \cos 2\beta_1) \tag{4-51}$$

当作用载荷变为三角形分布载荷作用时,任意一点的垂直应力可采用如图 4-14 所示的模型计算。N 点坐标为 (x, z),N 点处受到均布载荷作用的垂直应力见式 $(4-52) \sim$ 式 $(4-54)$。

$$\sigma_z = \frac{(K-1)qz}{\pi a}\left[\tan \beta_1(\beta_1 - \beta_2) - \frac{1}{2}\tan \beta_1 \sin 2\beta_2 + \sin^2 \beta_2\right] \tag{4-52}$$

$$\sigma_x = \frac{(K-1)qz}{\pi a}\left[\tan \beta_1(\beta_1 - \beta_2) + \tan \beta_1 \sin \beta_2 \cos \beta_2 + 2\ln \frac{\cos \beta_1}{\cos \beta_2} - \sin^2 \beta_2\right]$$

$$\tag{4-53}$$

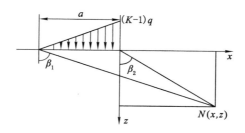

图 4-14   三角形分布载荷底板应力计算模型

$$\tau_{xz} = \frac{(K-1)qz}{\pi a}\left[\tan\beta_1(\sin^2\beta_1 - \sin^2\beta_2) - (\beta_1 - \beta_2) + \frac{1}{2}(\sin 2\beta_1 - \sin 2\beta_2)\right]$$

$$(4\text{-}54)$$

式中 a——载荷作用宽度；

q——均布载荷；

H——开采深度；

K——应力集中系数；

$\beta_1 = \arctan\dfrac{x+a}{z}$；

$\beta_2 = \arctan\dfrac{x}{z}$。

4.4   开采厚度影响下采空区及底板应力分布规律计算实例

4.4.1   不同开采厚度采空区应力分布计算

（1）顶板岩层分布情况

由前述分析可知,引起底板应力分布发生改变的主要因素为工作面开采厚度,开采厚度影响弯曲岩梁下方垫层系数以及弯曲岩梁下方空隙的高度使得上覆岩层转移至采空区的应力发生改变,最终使不同开采厚度对应的支承压力的分布范围不同,底板应力分布状态不同。以彬长矿区某矿为研究对象开展了3 m开采厚度条件下底板应力恢复范围的计算及现场实测,同时对开采厚度为1 m、2 m 及 2.5 m 条件下底板应力分布情况进行了对比分析。该矿主采 8 号煤层,该煤层为特厚煤层,由于煤层瓦斯含量较高,现阶段采用分层开采,首分层开采厚度为 3 m,且在下分层布置抽采钻孔,抽采卸压瓦斯。为考察钻孔稳定性,对底板应力进行了现场监测。

试验工作面选取在 205 工作面,依据钻孔勘察资料,煤层上方岩层简化为 18 层,具体物理力学参数如表 4-3 所列。

表 4-3　围岩物理力学参数

编号	岩层名称	密度 /(kg/m³)	平均厚度 /m	弹性模量 /GPa	泊松比 μ	累计自重应力 /MPa
18	含砾粗砂岩	2 600	57.1	18.0	0.29	3.05
17	细砂岩	2 630	29.4	30.0	0.20	3.82
16	中粒砂岩	2 400	33.2	24.0	0.23	4.62
15	粗砂岩	2 580	27.2	19.5	0.30	5.32
14	含砾粗砂岩	2 600	33.1	18.0	0.29	6.18
13	中粒砂岩	2 400	12.2	24.0	0.23	6.47
12	粗砂岩	2 580	36.1	19.5	0.30	7.40
11	中粒砂岩	2 400	19.8	24.0	0.23	7.88
10	含砾粗砂岩	2 600	12.2	18.0	0.29	8.19
9	巨砾岩	2 500	26.3	16.5	0.28	8.85
8	砂质泥岩	2 340	11.1	15.0	0.23	9.11
7	泥质砂岩	2 300	39.2	13.5	0.25	10.01
6	含砾粗砂岩	2 600	33.1	18.0	0.29	10.87
5	砂质泥岩	2 340	5.7	15.0	0.23	11.01
4	泥岩	2 241	4.7	12.0	0.28	11.11
3	粗砂岩	2 580	9.2	19.5	0.30	11.35
2	8 号煤	1 540	10.0	2.0	0.36	11.50
1	泥岩	2 240	20.5	12.0	0.28	11.96

(2) 关键层位置

依据关键层判定方法,同时结合表 4-3 中围岩力学参数,得到顶板上方的硬岩层对应的编号分别为 3、6、7、12、16、18,对应岩层承受的载荷分别为 376.3 kPa、860.6 kPa、1 569.6 kPa、1 274.3 kPa、840.5 kPa、2 933.5 kPa,结合各岩层破断距最终确定关键层位置如图 4-15 所示,6 号岩层为亚关键层,16 号岩层为关键层。

该矿顶板岩层为坚硬岩层,且关键层距离开采层较远,开采厚度为 3 m,依

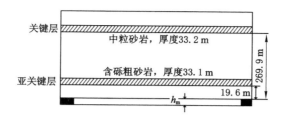

图 4-15　关键层位置确定

据经验公式,开采层开采厚度增加过程中不能到达关键层位置。选取关键层下方 14、15 号岩层作为关键层地基,依据式(4-24),得到关键层端头下方地基系数为 0.31。岩梁自身弹性模量取 24 GPa,关键层厚度为 33.2 m,分别对该地质条件下开采厚度为 1 m、2 m、2.5 m、3 m 的开采工作面对应的底板应力分布情况进行计算。

(3) 不同开采厚度采空区地基系数的确定

开采厚度设定值分别为 1 m、2 m、2.5 m 及 3 m。依据垮落带、裂隙带高度计算经验公式,得到坚硬顶板对应的垮落带高度分别为 5.52 m、9.9 m、11.74 m、13.5 m,对应的裂隙带高度为 31 m、45 m、50 m、53 m。依据式(4-38)在采动过程中,亚关键层下方出现空隙,且该空隙大于亚关键层的极限挠度,亚关键层破坏。因此,亚关键层不能对底板应力分布进行调整,且在给定的开采厚度条件下,亚关键层不破坏,分带范围仍可采用经验公式计算。

依据垮落带范围结合式(4-33),得到不同开采厚度对应的碎胀系数为:1.181、1.202、1.213、1.223。将垮落带范围及对应的碎胀系数值代入式(4-31)中,得到不同开采厚度条件下采空区垮落带岩层应力变形特征。其中 1~3 m 垮落垫层应力变形特征关系式分别为:

$$F_{\mathrm{f}} = \frac{\dfrac{10.39\sigma_{\mathrm{c}}^{1.042}}{B^{7.7}}(h_y / \dfrac{h_{\mathrm{m}}}{B-1})}{1-(h_y / \dfrac{h_{\mathrm{m}}}{B-1}) / \left(\dfrac{B-1}{B}\right)} = \frac{134.8(h_y/5.52)}{1-h_y \cdot 1.181}$$

$$F_{\mathrm{f}} = \frac{\dfrac{10.39\sigma_{\mathrm{c}}^{1.042}}{B^{7.7}}(h_y / \dfrac{h_{\mathrm{m}}}{B-1})}{1-(h_y / \dfrac{h_{\mathrm{m}}}{B-1}) / \left(\dfrac{B-1}{B}\right)} = \frac{134.8(h_y/9.9)}{1-h_y \cdot 1.202}$$

$$F_{\mathrm{f}} = \frac{\dfrac{10.39\sigma_{\mathrm{c}}^{1.042}}{B^{7.7}}(h_y / \dfrac{h_{\mathrm{m}}}{B-1})}{1-(h_y / \dfrac{h_{\mathrm{m}}}{B-1}) / \left(\dfrac{B-1}{B}\right)} = \frac{134.8(h_y/11.74)}{1-h_y \cdot 1.213}$$

$$F_{\mathrm{f}} = \frac{\dfrac{10.39\sigma_{\mathrm{c}}^{1.042}}{B^{7.7}}(h_y / \dfrac{h_{\mathrm{m}}}{B-1})}{1 - (h_y / \dfrac{h_{\mathrm{m}}}{B-1}) / \left(\dfrac{B-1}{B}\right)} = \frac{134.8(h_y / 13.5)}{1 - h_y \cdot 1.223}$$

依据不同垮落垫层应力应变关系式,得到不同开采厚度条件下的垮落带压缩变形特征曲线见图 4-16。

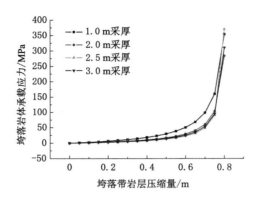

图 4-16　不同开采厚度垮落带压缩变形特征曲线

依据工作面长度对关键层控制岩层范围载荷计算可知,上覆岩层对底板作用力最大值约为 12 MPa,依据垫层的应力变形特征,选取不同垮落垫层在 12 MPa 时对应的地基系数为计算地基系数。在图 4-16 中选取不同开采厚度条件下弯曲岩梁的地基系数,开采厚度为 1~3 m 变化过程中,对应的地基系数分别为 0.046、0.026、0.022、0.020。计算可知,不同开采厚度下裂隙带对垮落带压缩应力为 0.64 MPa、0.88 MPa、0.96 MPa 及 0.99 MPa,由于裂隙带岩层对底板作用力较小,因此忽略压缩产生的空隙对弯曲岩梁变形的影响。最终确定上述计算模型中,不同开采厚度条件下对应的弯曲变形岩梁的计算参数如表 4-4 所列。

表 4-4　不同开采厚度弯曲岩梁对底板作用力计算参数

开采厚度 /m	垮落带高度 /m	裂隙带高度 /m	k_1(垮落垫层) /(GPa/m³)	k_2(关键层岩层) /(GPa/m³)	q(关键层上方载荷) /MPa
1	5.52	31	0.046	3	12
2	9.90	45	0.026	3	12
2.5	11.74	50	0.022	3	12
3	13.50	53	0.020	3	12

（4）不同开采厚度底板卸压区范围确定

依据上述计算参数，结合式（4-9）对不同开采厚度条件下的采空区应力分布进行计算，得到图 4-17。图 4-17 反映了弯曲岩梁转移至采空区的应力分布情况，图中横线表示应力恢复值，低于应力恢复值的区域为卸压区，高于应力恢复值的区域为增压区，对应的卸压范围分别为 14 m、18 m、20 m、20 m。

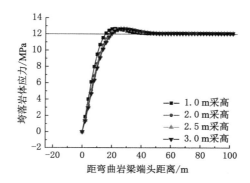

图 4-17　不同开采厚度弯曲下沉岩梁作用力分布

分析图 4-16～图 4-17 可知，开采厚度不同，对应的地基系数不同，地基系数对卸压区的范围有影响，地基系数接近时，对应的卸压区范围较为接近。同时，由于裂隙带范围较小，对垮落带压缩作用较小，空隙高度接近，对底板卸压区域的影响较小。

进一步分析不同开采厚度条件下的底板应力分布情况，岩层垮落角为 50°，如图 4-18 所示。

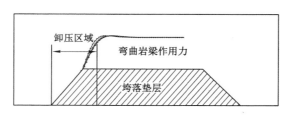

图 4-18　不同开采厚度卸压区范围

不同开采厚度卸压区对应的范围由两部分组成，分别为垮落带、裂隙带卸压范围与弯曲岩梁变形产生的卸压区范围，计算得到岩层垮落垫层对应的卸压范围分别为 26 m、37 m、41 m 及 44 m。与计算得到的弯曲岩梁的范围叠加，应力恢复区范围分别为 40 m、55 m、61 m、64 m。

选取工作面前方支承压力计算参数，$f = 0.22$，$\varphi = 30$，$\lambda = 1$，$N_0 = 2.6$ MPa，

h_m 分别为 $1 \sim 3$ m，L_c 为不同开采厚度应力恢复距离，应力最终恢复至 12 MPa。代入式(4-42)、式(4-47)、式(4-48)得：

$$\frac{L_c}{K} = 7.1 h_m \ln(5.1K) + \frac{h_m}{0.2} \ln K \qquad (4-55)$$

对应的分布范围如图 4-19 所示。

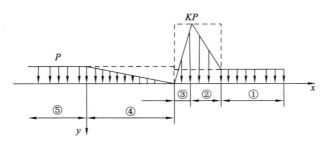

图 4-19 工作面前方支承压力分布形式

解方程得到不同开采厚度对应的②、③、④范围及 K 值如表 4-5 所列。

表 4-5 不同开采厚度支承压力分布

开采厚度/m	K	②范围/m	③范围/m	④范围/m
1.0	2.0	16.0	4.0	40
2.0	1.9	21.6	5.4	55
2.5	1.8	26.4	6.6	61
3.0	1.8	27.4	6.6	64

依据表 4-5 对开采厚度与支承压力分区范围的关系进行拟合，得到图 4-20，发现随着开采厚度的增加卸压区域范围及增压区域范围变化符合对数变化关系。

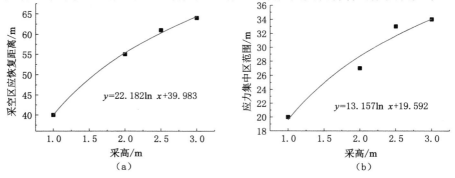

图 4-20 开采厚度与支承压力分布特征的关系

（5）底板卸压区范围现场监测

① 现场测定

采空区垮落岩体与底板间以点、线、面等不同形式相互接触，采动覆岩下沉压缩作用使得采空区垮落岩体重新排列，部分点出现"空载"现象，应力在小范围内产生不均匀分布，但对于整个大区域还是相对均匀的。根据这一特点，在采空区垮落岩体应力测定过程中，应尽可能多的布置测点或尽量大的扩展测点覆盖面积。因此在工作面回采过程中，当工作面推进 0 m、10 m、20 m、30 m、40 m、50 m、60 m、70 m、150 m、200 m 时，分别在采场距运输巷 5 m、100 m 处底板布设应力测点，开挖凹槽安装 KS-Ⅱ型应力计，应力计布置示意如图 4-21 所示。

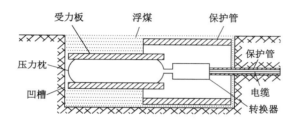

图 4-21　应力计布置示意

采空区垮落压实距离观测，观测从工作面开采时进行，直至测站变化规律趋于稳定时结束。

垮落岩体应力通过受力板作用于压力枕，枕内液压由压力-频率转换器转换成电信号，经电缆传输至 KSE-Ⅰ型频率仪。计算实测压力为：

$$P_i = t(f_0^2 - f_i^2) \tag{4-56}$$

式中　P_i——实测压力；

　　　t——应力计常数；

　　　f_0——无荷载频率；

　　　f_i——有荷载频率。

对应实测应力为：

$$\sigma_i = P_i/S \tag{4-57}$$

式中　σ_i——实测应力；

　　　S——压力枕受力面积。

② 数据分析

工作面开采厚度为 3 m，当工作面推进至 250 m 时顶板垮落结构进入稳定状态，选取不同位置采空区压实应力进行分析，由距运输巷 100 m 测线可知，应力恢复位置为距离开切眼 70 m,由于 60 m 至 70 m 之间没有布置测点,因此确定应力恢复距离在 60～70 m 之间,这一结果与开采厚度为 3 m 时计算得到的采空区应力恢复距离较为接近。同时,对比距离运输巷 5 m 测线,该测线处于倾向采空区卸压范围内,因此应力恢复值较小。采空区走向垮落岩体应力变化曲线见图 4-22。

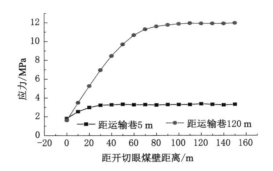

图 4-22　采空区走向垮落岩体应力变化曲线

（6）已有采空区应力恢复距离计算理论对比分析

依据文献[142]对采空区应力恢复模型的分析,当前采空区应力恢复的计算模型主要有金和惠特克提出的引用围岩支承扩展角简化围岩载荷模型。侧向支承应力载荷角原理图如图 4-23 所示。王文学[142]提出了上覆岩层载荷守恒计算模型。Yavuz[133]依据采空区破碎岩石压缩量与地表沉降变形的关系,给出了基于底板沉降考察的采空区应力恢复计算公式。

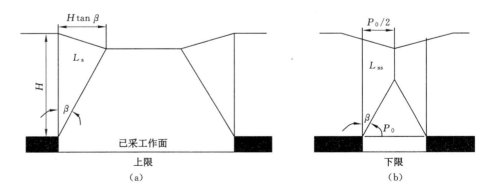

图 4-23　侧向支承应力载荷角原理图

　　Yavuz[133]根据英国国家煤炭局绘制的底板最大沉降量与工作面宽度、开采厚度、煤层埋深的关系图,选取垮落带碎胀系数为 1.2～1.5,煤层埋深为 100～600 m,开采厚度为 1～5 m 不同组合关系对应的沉降量进行统计,并对采空区应力恢复距离及不同位置垂直应力的关系进行拟合得到应力恢复距离与碎胀系数、顶板岩性及埋深的关系式,关系图如图 4-24 所示。

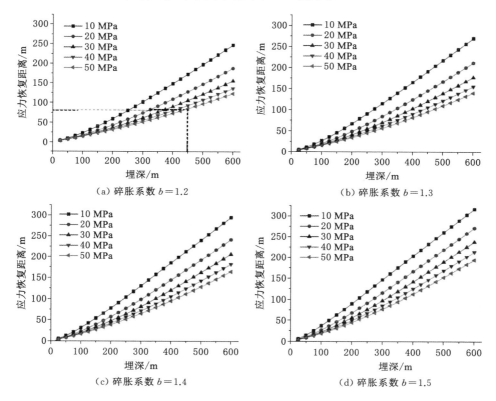

图 4-24　采空区应力恢复距离与采空区顶板岩性、垮落岩体碎胀系数、煤层埋深关系

　　上述计算中,依据开采厚度确定的碎胀系数为 1.181～1.223 之间,应力恢复区作用力为 12 MPa,估算埋深约为 450 m,顶板岩性为坚硬。依据计算参数,可选取图 4-24(a)对应力恢复区范围进行估算,得到应力恢复区范围在 75 m 附近,与本书计算结果较为接近。

4.4.2　不同开采厚度采空区应力在底板传递的规律

　　（1）底板下方不同开采厚度应力分布规律

依据图 4-19 给出的支承压力分布形式,采用半无限平面弹性理论求解底板应力分布如图 4-25 所示。

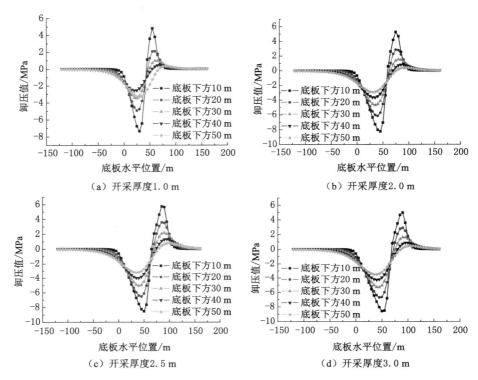

图 4-25　不同层位底板应力分布

依据图 4-25 和图 4-20 绘制得到不同开采厚度底板下方的卸压值等值线图,如图 4-26 所示,图中负值表示应力较初始应力减小量,正值表示应力较初始应力增加量。

依据图 4-26,底板卸压区域及增压区域呈椭圆形,工作面前方椭圆形区域向右下方延伸,工作面后方卸压区域椭圆形向左下方延伸。前述分析已知,开采厚度主要影响底板应力分布的区域范围,当开采厚度增加时,对应底板卸压区域的范围增加。图 4-26 中,开采厚度为 1 m 时底板下方 50 m 处对应的卸压区域最大位置为工作面后方 60～70 m 之间;开采厚度为 2 m 时卸压范围扩展,底板下方 50 m 对应的卸压区域的最大位置为工作面后方 85～95 m 之间;开采厚度 2.5 m 及 3 m 卸压区域最大值较为接近,为工作面后方 90～100 m 之间。开采厚度增加使底板下方不同层位卸压范围及卸压值均增加。开采厚度增加至一定

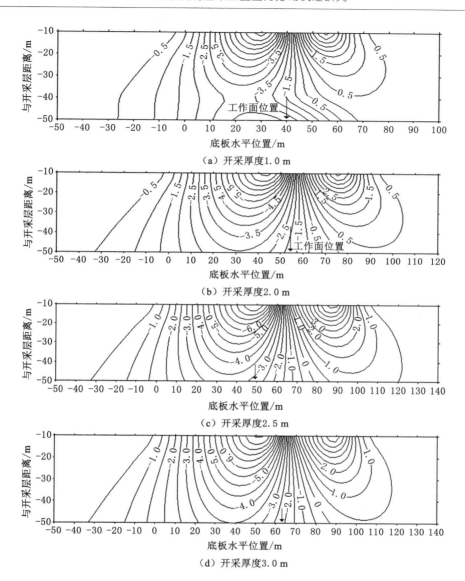

（a）开采厚度1.0 m

（b）开采厚度2.0 m

（c）开采厚度2.5 m

（d）开采厚度3.0 m

图 4-26　底板卸压值分布等值线

值时,卸压区域范围趋于稳定,对应的底板卸压范围及卸压值趋于稳定。

工作面前方的应力增加区域变化规律同卸压区,开采厚度增加过程中,工作面前方应力增加区域在持续增加,开采厚度增加影响了工作面前方应力集中区的范围,使得底板增压区域范围及应力值增加。开采厚度通过影响底板卸压区域的范围实现对底板应力分布的控制,卸压区域范围的改变对底板整体的卸压效果起到了改善作用。

4.4.3 开采厚度影响采空区应力分布的原理

（1）开采厚度对关键层变形规律的影响

如图 4-27 所示,覆岩转移至采空区的应力值由 3 层关键层控制。图中 h_m 为开采厚度;H_1 为垮落岩层高度;h_y 为垮落岩层压缩变形量;h_1、h_2、h_3 分别为亚关键层 1、亚关键层 2 及主关键层与煤层底板层面的距离;f_1、f_2、f_3 分别为对应各关键层能够保持弯曲结构的极限挠度;f_p 为一般岩层的极限挠度,此处以关键层大结构对垮落进行研究,忽略关键层控制的岩层的岩性差异,以进行简化。由关键层的定义可知,关键层控制其上方岩层,通常关键层挠度值具有如下关系:$f_p < f_1 < f_2 < f_3$。依据前述分析得到的垮落垫层条件和弯曲岩梁应力转移机理对不同开采厚度覆岩转移至底板应力的控制过程开展讨论。

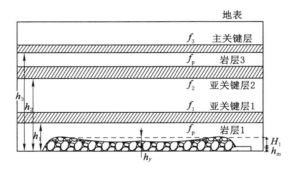

图 4-27　垮落垫层与关键层协调变形特征

依据 4.1.2 中工作面斜长控制垮落总范围内岩层的变形特征可知,开采厚度调整过程中各岩层均达到极限跨距,但由于其下方垮落带岩层碎胀使自由空间减小,工作面斜长控制范围内的部分岩层未发生破坏,但工作面推进距离达到工作面长度时,变形能够达到“充分采动状态”,此时由于达到极限破断距,工作面长度控制范围内岩梁的相互作用不具备组合岩梁的性质,各层岩梁受力为工作面长度控制范围内其上方岩层的自重应力及垮落范围外组合岩梁的作用力。

对于单一关键层结构,岩梁发生弯曲变形有利于增加工作面后方采空区应力恢复距离,减小对采空区应力恢复区底板的作用力,但弯曲变形量越大,岩梁自身弯曲应力越大,越容易发生破坏。但当控制卸压区范围的关键层变形量超过其允许的极限变形量时,关键层发生破坏,关键层控制作用失效,关键层对底板卸压区域的掩护作用失效,上方控制的岩层作用力全部转移至采空区,导致卸压区范围减小。通过开采厚度控制关键层变形,实质是确定关键层弯曲变形卸压与破坏的合理的临界值,使变形量达到最大,且不发生破坏;对于多层关键层的情况,需要综合考虑多层关键层的变形及破坏特征。

① 开采厚度对关键层变形控制的过程分析

当开采厚度 h_m 增加时,垮落岩层的可压缩性增加,岩层 1 及其上方全部岩层的弯曲变形量增加,卸压区域范围逐渐增加。垮落范围在 h_1 范围变化时,由于岩层 1 的极限挠度较小,保证岩层 1 不发生破坏的最大允许弯曲变形量为 f_p。因此想要使弯曲变形量进一步增加,需要继续加大开采厚度,使岩层 1 范围内全部岩梁发生垮落,此时岩梁的变形由下方的空隙高度调控,依据式(4-38)可计算开采厚度与关键层下方空隙高度的关系。

通过调整亚关键层 1 来控制上方岩层的弯曲变形,变形量的极限为亚关键层 1 的极限挠度 f_1,因此当开采厚度可调整范围较大时,通过增加开采厚度使亚关键层 1 达到极限挠度,通过控制亚关键层 2 的变形实现对卸压区域范围的调整,将更有利于卸压区域范围的增加。对于采空区卸压范围的调整,开采厚度可控制的岩梁最大变形量为关键层岩梁的变形量,当关键层发生破坏时,关键层上方全部岩层自重应力将转移至采空区,关键层对底板卸压区的掩护作用失效,卸压区域范围减小。开采厚度与关键层变形量的关系可采用图 4-28 示意图描述。随着开采厚度增加,三层关键层的变形量同步增加,当亚关键层 1 发生破坏时,由于垮落带范围的突增,亚关键层 2 及主关键层的变形量突增,之后随着亚关键层 2 的破坏,主关键变形量突增,开采厚度增加,各段变形量增加。关键层变形量的增加过程为非线性,图中给出的示意图并非实际关键层变形量增加规律。

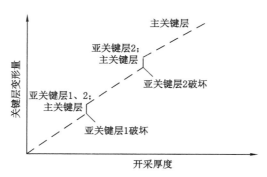

图 4-28　开采厚度与关键层变形量的关系

② 开采厚度对于弯曲下沉岩梁的控制机制

通过开采厚度控制垮落岩层的高度而调整垮落带垫层应力-应变进而调整关键层变形;开采厚度控制的垮落带岩层范围到达关键层下方时,开采厚度通过控制关键层下方空隙高度调整关键层的变形;当关键层破坏时,开采厚度可对新的关键层控制。

(2) 覆岩应力控制的让压特征

由巷道支护让压机理可知,当系统由支护结构及围岩共同组成时即可利用让压机理。采动后形成的垮落垫层可视为未破坏关键层的支护结构,此时未破坏的覆岩关键层承载了上覆岩层转移的自重应力,通过调整垮落垫层的应力-应变,给关键层一定的变形量,充分调动关键层自承能力,能够减小垮落垫层的支承反力,垮落垫层对顶板应力向底板转移起到桥梁作用,因此当垮落垫层的支承反力减小时,覆岩转移至底板的应力减小。开采厚度能够调整垮落垫层的应力-应变特征,因此开采厚度调控覆岩转移至底板的应力值,其内在机理可视为通过关键层结构对覆岩应力控制的让压特征。

4.5　本章小结

(1) 利用弹性地基梁理论,将顶板弯曲下沉带未断裂的关键岩梁视为弹性地基梁,将垮落带、裂隙带岩层视为弹性地基,给出了弯曲下沉岩梁及其上覆岩层对采空区作用力的计算模型,并给出了弹性地基梁计算模型参数的选取方法。即

$$
\begin{cases}
p_1(x) = k_i e^{-\beta_1 x} \left(\dfrac{\beta_1 - \beta_2}{\beta_1 + \beta_2} \sin \beta_1 x - \cos \beta_1 x \right) \cdot \left(\dfrac{q_0}{k_i} + u \right) + q_0, 0 \leqslant x \leqslant l \\
p_2(x) = k_j e^{-\beta_2 x} \left(\dfrac{\beta_2 - \beta_1}{\beta_1 + \beta_2} \sin \beta_2 x + \cos \beta_2 x \right) \cdot \left(\dfrac{q_0}{k_i} + u \right) \cdot \dfrac{\beta_1^2}{\beta_2^2} + q_0, x \leqslant 0
\end{cases}
$$

(2) 依据 Salamon 经验公式给出了不同开采厚度条件下弯曲岩梁下方垮落带岩层的应力-变形关系,即

$$
F_f = \frac{\dfrac{10.39 \sigma_c^{1.042}}{B^{7.7}} (h_y / \dfrac{h_m}{B-1})}{1 - (h_y / \dfrac{h_m}{B-1}) / \left(\dfrac{B-1}{B} \right)}
$$

建立了开采厚度与采空区底板压实作用的联系,揭示了开采厚度控制底板卸压效应的机制,开采厚度通过控制垮落带岩层的高度,使垮落带岩层的应力变形特征发生改变,进而影响弯曲岩梁的变形特征。弯曲岩梁的变形特征不同,弯

曲岩梁及其上覆岩层转移至采空区作用力的分布特征不同,对应的底板应力分布特征不同。

(3)依据采场上覆岩层载荷守恒原则,结合采空区应力分布特征,给出了底板支承压力的计算方法。

(4)以彬长矿区某矿 205 工作面为工程背景,得到了不同开采厚度条件下的底板卸压规律,计算得到开采厚度由 1~3 m 的变化过程中,采空区后方应力恢复距离由 40 m 变化至 60 m,工作面前方应力集中范围由 20 m 增加至 34 m,应力集中系数由 2.0 降至 1.8,开采厚度增加使支承压力卸压区范围及增压区范围均增加,且卸压区范围及增压区范围趋于一致,底板卸压区范围增加使底板卸压的整体效果得到提高。

(5)采用关键层理论,结合垮落岩层与弯曲岩梁相互作用关系,分析了开采厚度对采空区应力分布的控制的过程,得到了开采厚度控制采空区卸压范围的原理,开采厚度控制采空区卸压范围是通过控制垮落带岩层应力变形特征,使关键层变形量尽可能增加,提高关键层对上覆载荷的自承能力,使采空区卸压区域范围增加,最终实现卸压效应的增加。

5 开采厚度调控采空区底板变形破坏规律研究

5.1 不同采厚底板变形破坏数值模拟研究

5.1.1 FLAC3D 程序简介

FLAC3D 是一款岩土领域应用较广的数值模拟软件,同时在采矿工程领域借助该软件进行工程分析已有大量的实例。FLAC3D 内置了 11 种材料本构模型,能够满足工程中对岩石的弹塑性及流变特性的模拟。有 5 种计算模式,分别为静力模式、动力模式、蠕变模式、渗流模式及温度模式。该软件还内置多种结构形式,其中有梁、锚索、壳等,方便在工程分析中对结构进行直接调取。FLAC3D 内置了强大的 FISH 语言,用户可以自定义变量和函数,扩大了FLAC3D 的应用及突出了用户自有的特色,通过 FISH 编程可实现对开挖过程的控制及对材料参数的动态调整。

5.1.2 数值模型的建立

(1) 垮落带岩体应力-应变特性

由于垮落带岩体具有压缩特性,同时其压缩特性又表现为非线性,松散岩体在被压缩的过程中其弹性模量发生改变,使得其支撑能力提高。压缩变形特性与自身的支撑特征相互影响,因此垮落岩体的材料力学性质在压缩过程中动态变化,需要动态赋值。

在 FLAC3D 中,弹性参数包括体积模量 K 和剪切模量 G,体积模量与剪切模量与材料的应力应变具有如下关系:

$$\sigma_\mu = (K + \frac{4G}{2})\varepsilon \qquad (5-1)$$

假设泊松比 $\mu = 0.2$[143],从而得到:

$$G = \frac{3}{4}K \tag{5-2}$$

联立两式得到：

$$\sigma_\mu = 2K\varepsilon \tag{5-3}$$

这样体积模量 K 和剪切模量 G 以及垂直应力就可以表示为垂直应变 ε 的函数，即

$$K = \frac{4G}{3} = \frac{\sigma_\mu}{2\varepsilon} = \frac{E_0\varepsilon}{2(1 - \varepsilon/\varepsilon_m)} \tag{5-4}$$

依据开挖距离在模型中采空区设置应变监测点，采用 FISH 语言编程对监测点数据进行识别与提取，以固定时步进行提取并将结果反馈于上述体积模量与剪切模量计算式中，动态修改采空区材料参数。采空区压实理论计算流程见图 5-1。

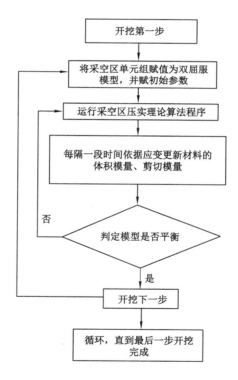

图 5-1　采空区压实理论计算流程

（2）材料参数确定

依据第 4 章理论分析，结合前述理论分析给出的顶板岩性特征，预先确定得

到了垮落带结构的分布范围以及垮落带计算参数如图 5-2 和表 5-1 所示。

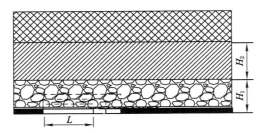

图 5-2　垮落结构分布范围

表 5-1　垮落带岩体应力变形特性计算参数

开采厚度/m	垮落带高 H_1/m	碎胀系数 B	初始切线模量 E_0/MPa	ε_m
1.0	5.52	1.181	134.8	0.153
2.0	9.9	1.202	134.8	0.168
3.0	13.5	1.223	134.8	0.182

　　由相似模拟试验结果可知,在开采初期垮落带、裂隙带范围是动态变化的,且垮落带、裂隙带范围的扩展呈比例,当这一范围扩展至弯曲下沉带下方时,范围扩展终止。依据这一变化特征,结合文献[142],在考虑垮落带岩层压实特性基础上进一步引入垮落带范围的动态扩展过程。采用 FLAC3D 内置的 FISH语言对开挖过程中预先确定的垮落带范围岩层进行动态赋值,其主要实现分为以下三个过程,初始赋参→参数监测及动态调整(图 5-1)→开采范围改变、重新监测及参数赋值。

```
def chushicanshu
    @k=xxx
    @e=yyy
    command
        group hhh range z z1 z2 x x1 x2
        prop bulk @k shear xxx fric xxx coh xxx tens xxx …range group hhh
    endcamnand
end
@chushicanshu
cyc(初始参数)
```

```
def canshu
    if k=xxx
    n=2
    else
    n=1
    endif
    loop n(1,10)
        cc=z_near(@x0,50,@z0)
        a=z_szz(cc)
        if e=yyy
            x=@a/yyy
            k=yyy*@x/(2(1-@x/x0))
            e=3*@k*(2(1-@x/x0))/@x
        else
            x=@a/@e
            k=@e*@x/(2(1-@x/x0))
            e=3*@k*(2(1-@x/x0))/@x
        endif
        command
         prop bulk @k shear xxx fric xxx coh xxx tens xxx …range group hhh
        endcamnand
cyc 2000
endloop
end(依据变形量监测动态赋值)
```

```
group hhh range z z1 z3 x x1 x3
def jisuan
    x0=(x3-x1)/2+x1
    z0=(z3-z1)/2+z1
end
@jisuan
@canshu


group hhh range z z1 z4 x x1 x4
def jisuan1
    x0=(x4-x1)/2+x1
    z0=(z4-z1)/2+z1
end
@jisuan1
@canshu(开采范围改变、重新监测)
```

（3）计算模型及边界条件

根据前述 4.4.1 矿井地质条件,将模型岩层简化为 10 层,建立了尺寸为 500 m(x)×300 m(y)×160 m(z)的计算模型。工作面所在的 $8^\#$ 煤层为近水平煤层,为便于计算,煤层的倾角设置为 $0°$,采用双屈服模型,数值计算模型如图 5-3 所示。

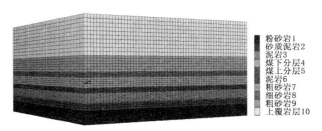

图 5-3   数值计算模型

5.1.3   计算参数及计算方案的确定

参照现有工程背景资料及数值计算参数,给定模型各岩层物理力学参数见表 5-2。建立模型后设计了三组模拟,分别为开采厚度 1 m、2 m 及 3 m。不同开采厚度条件下参数动态选取时依据表 5-1 选取 E_0 及 ε_m。

表 5-2   煤岩层物理力学参数

岩性	体积模量 /GPa	剪切模量 /GPa	密度 /(kg/m³)	黏聚力 /MN	内摩擦角 /(°)	抗拉强度 /MPa	m	s
上覆岩层 10	4.60	4.45	2 500	3.50	38	1.35	6.142	0.063
粗砂岩 9	4.53	4.37	2 510	2.53	34	1.26	6.552	0.063
细砂岩 8	4.64	4.32	2 540	4.57	35	1.35	6.961	0.063
粗砂岩 7	4.58	4.42	2 530	2.57	34	1.28	6.552	0.063
泥岩 6	4.54	4.31	2 560	2.08	32	1.32	2.943	0.045
8 煤上分层 5	1.42	0.57	1 400	1.2	28	0.64	1.638	0.063
8 煤下分层 4	1.42	0.57	1 400	1.2	28	0.64	1.638	0.063
泥岩 3	4.87	4.79	2 420	1.76	39	1.31	2.943	0.045
砂质泥岩 2	4.52	4.34	2 560	2.08	36	1.35	2.943	0.045
粉砂岩 1	4.67	4.53	2 550	4.58	39	1.42	6.961	0.063

5.2 开采厚度影响下底板变形破坏规律

5.2.1 底板应力演化规律

（1）应力演化规律

图 5-4 为开采厚度为 1 m 时对应的随工作面推进顶底板垂直应力分布云图，应力云图为工作面中部的走向切面。

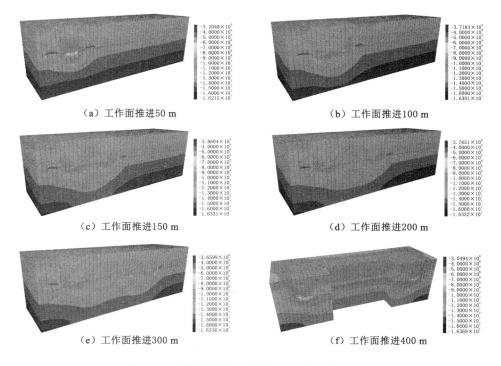

（a）工作面推进50 m　　　　　　　　　（b）工作面推进100 m

（c）工作面推进150 m　　　　　　　　　（d）工作面推进200 m

（e）工作面推进300 m　　　　　　　　　（f）工作面推进400 m

图 5-4　不同推进距离顶底板垂直应力分布云图

工作面由 50 m 推进至 100 m 过程中，顶板卸压范围减小，底板卸压范围达到最大；工作面推进至 150 m 时，顶板卸压范围进一步减小，且在采空区中部形成了压实区，底板卸压范围在采空区中部逐渐分为两部分，各部分卸压最大范围与工作面推进 100 m 时卸压范围相同；工作面推进至 200 m，压实区走向长度扩展，压实区域形状为半椭圆形，底板两部分卸压范围保持固定形状逐渐远离；工作面推进至 300 m 时，底板压实范围形状同样为半椭圆形，垂向最大卸压范围不变,卸压走向范围延伸,底板卸压范围稳定向前扩展,两部分卸压范围内中部卸压值减小,趋于恒定;工作面推进至 400 m 时,三维采场的走向及倾向顶底板应力分布在垂直方向上影响范围一致。三维采场工作面推进应力演化规律归纳如下:随工作面推进,顶板压实作用增加,底板卸压范围随顶板垮落变化发展,当压实作用达到稳定时,卸压范围稳定。之后,顶板压实作用范围稳定向前发展,底板卸压仅在工作面及开切眼附近,以稳定范围演化。

(2)不同开采厚度对比分析

图 5-5 为工作面顶板应力稳定时对应的垂直应力分布云图。对比各图可知,随着工作面开采厚度的增加,顶板压实应力达到稳定时,对应的工作面推进距离增加。

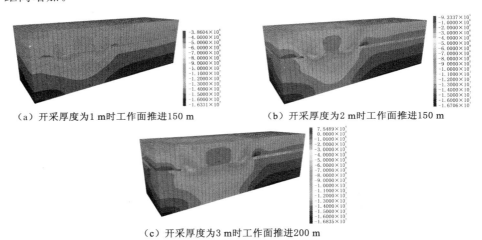

(a)开采厚度为 1 m 时工作面推进 150 m　　　　(b)开采厚度为 2 m 时工作面推进 150 m

(c)开采厚度为 3 m 时工作面推进 200 m

图 5-5　不同开采厚度顶底板垂直应力分布云图

开采厚度为 1 m 时稳定压实对应的工作面推进距离介于 100～150 m 之间,开采厚度为 2 m 时稳定压实对应的工作面推进距离为 150 m,开采厚度为 3 m 时稳定压实对应的工作面推进距离等于开采厚度为 2 m 时的。随着开采厚度的增加,达到岩层移动变形稳定压实状态时对应的工作面推进距离增加。

(3)底板不同层间距开采初期应力演化规律

前述分析表明,开采厚度影响下开采初期由于顶板转移至底板的应力仅为垮落结构岩层的自重应力,初期底板的卸压特征与压实稳定时期的底板卸压特征不同。因此,对开采初期上保护层底板卸压规律进行研究。依据不同开采厚度条件下数值计算结果,分别考察了底板下方 1 m、11 m、31 m、51 m 层位卸压规律。

图 5-6 给出了相同开采厚度条件下,底板下方岩层的应力演化规律。该演化规律能够反映开采初期的工作面支承压力演化特征。由图 5-6(a)可知,开采初期随着工作面推进对应的支承压力卸压区的范围逐渐增加,在卸压区范围增加过程中,对应的卸压应力值先增加后减小并趋于稳定,稳定后采空区中部被压实,而卸压位置出现在开切眼和工作面后方,图中数据表明压实稳定后,工作面后方及开切眼前方卸压值较初始阶段卸压值减小。这表明在保护层开采过程中,底板卸压达到最大值的位置对应的开采阶段为工作面初采阶段。同时对比初采阶段工作面前方支承压力的峰值可以发现,初采阶段工作面前方应力集中系数先增加后减小并在采空区垮落压实后趋于稳定,而开切眼侧应力集中系数持续增加且最终稳定于某一状态,开切眼侧与工作面侧的应力分布状态不对称。通常煤壁附近垂直应力与剪应力集中程度最大,垂直应力及剪应力越集中,越容易引起底板破坏,因此,在初采阶段底板往往达到了最大的破坏范围。图 5-6(b)～(d)表明,随着层间距的增加,当被保护层与保护层层间距增加时,初采阶段的卸压特征发生改变,随工作面推进卸压变化规律为逐渐增加至稳定。因此,对于

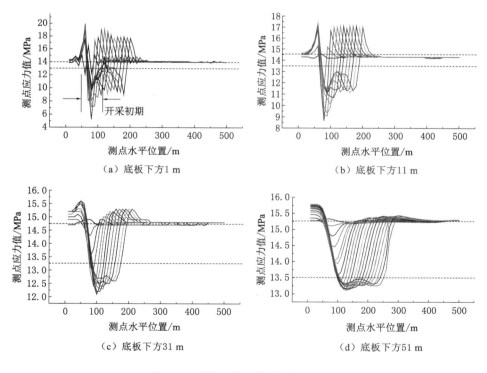

（a）底板下方1 m　　　　　　（b）底板下方11 m

（c）底板下方31 m　　　　　　（d）底板下方51 m

图 5-6　不同层位开采初期卸压规律

远距离下方被保护层,初采阶段对其卸压规律影响较小,而对于近距离下方被保护层,需要考虑初采阶段的应力演化特征,判定初采阶段底板破坏的最大深度,确定被保护层是否处于这一破坏范围内。

图 5-7 给出了不同开采厚度条件下,开采初期底板支承压力的演化规律。前述理论分析已知,支承压力的分布范围影响底板整体卸压范围及卸压值的分布,因此选取不同开采厚度的底板支承压力分布规律进行对比。不同开采厚度条件下,开采初期卸压最大值不同,开采厚度 1 m 条件下,开采初期底板应力值由 14 MPa 卸载至 6 MPa,而开采厚度为 2 m 和 3 m 的工作面,卸载至接近 0 MPa,卸压值分别为 8 MPa 与 14 MPa。对比不同开采厚度条件下开采初期的卸压区域,如图 5-7(a)中卸压区域的范围为 46 m,当开采厚度增加至 2 m 时,对应的卸压区域为 60 m,开采厚度增加至 3 m 时,卸压区域增加为 63 m。开采厚度的增加有利于卸压区域的增加,但随着开采厚度增加至一定值时,卸压区域范围的改变逐渐减小。

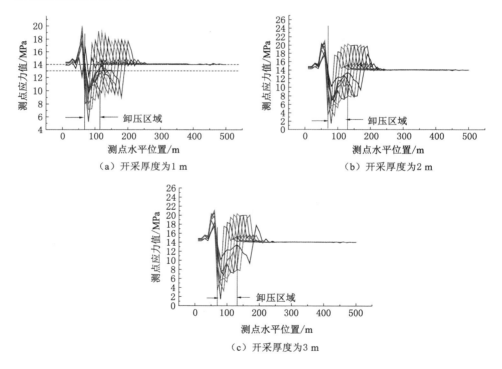

（a）开采厚度为 1 m

（b）开采厚度为 2 m

（c）开采厚度为 3 m

图 5-7 不同开采厚度下开采初期卸压规律

（4）不同开采厚度相同层位岩层卸压规律分析

图 5-8 中,底板下方 1 m 测线表明,开采进入稳定阶段后,采空区底板应力分布状态与开采厚度有关。垮落结构发育稳定阶段,采空区压实应力稳定在 12～13 MPa 之间。对比不同层位最大卸压值,底板下方 1 m 层位,开采厚度为 1～3 m 时压实稳定后应力值为 9.8 MPa、8.2 MPa、6.4 MPa,相对初始应力卸压值分别为 4.2 MPa、5.8 MPa、7.36 MPa。底板下方 11 m 层位开采厚度 1～3 m 变化过程中卸压值依次为 2.85 MPa、5.02 MPa、6 MPa。底板下方 51 m 层位开采厚度 1～3 m 变化过程中卸压值依次为 1.88 MPa、3.12 MPa、3.96 MPa。

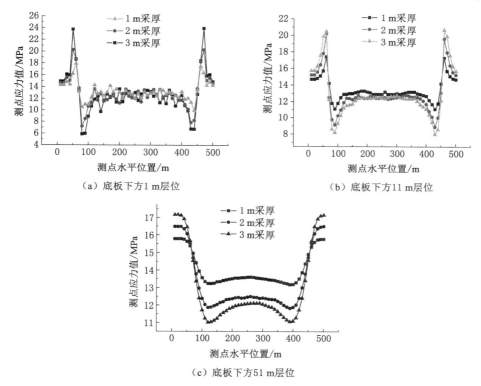

（a）底板下方 1 m 层位　　　　（b）底板下方 11 m 层位

（c）底板下方 51 m 层位

图 5-8　底板下方不同层位压实稳定状态的应力分布曲线

不同层间距开采厚度与卸压值关系如图 5-9 所示,采用线性关系对开采厚度与最大卸压值进行拟合分析,底板下方不同层位,开采厚度与最大卸压值呈线性相关,且随着层间距增加,线性相关的斜率值降低。

（5）底板倾向应力随工作面推进分布规律

图 5-10 给出了不同工作面推进距离对应的采场倾向中部测线应力值变化规律,测线位于底板下方 1 m,随工作面推进接近该测线,工作面两端头卸压,两

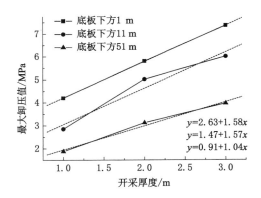

图 5-9 不同层间距开采厚度与卸压值关系

侧煤柱应力升高。工作面中部应力变化与开采厚度相关,当开采厚度较大时随工作面接近测线时,测线中部应力升高,两端头卸压值增加,开采厚度较小时测线中部应力变化不明显,但两端头卸压值增加。工作面推过测线后,煤柱两侧应力升高,采空区中部应力下降,趋于稳定。同时工作面推过测线后,底板应力未恢复至原岩应力值,表明顶板垮落范围受到限制,采动处于非充分状态。

5.2.2 底板位移演化规律

(1) 底板位移演化规律

图 5-11 给出了考虑采空区垮落压实作用的底板位移演化规律。由演化过程可知,开采初期由于顶板岩层未垮落至弯曲下沉带,此时采空区仅承担垮落带范围内的作用力,初始阶段的压实作用较小,随着卸压区域范围的增加,岩层位移值呈逐渐增加的趋势。

工作面推进过程中,底板移动变形范围逐渐增加,当工作面推进至 100 m 时,移动变形范围达到最大值,这与前述分析初采阶段的卸压特征一致。工作面推进至 150 m 时,采空区被压实,底板移动变形范围及位移值逐渐减小。由图 5-11(c) 可知,此时底板移动变形区域现状与塑性滑移理论中底板破坏范围形状一致。随着底板被进一步压实,采空区中部位移逐渐恢复至初始状态,仅工作面后方一定范围内以稳定位移值向前演化。由图 5-11(d) 可知,工作面后方卸压区域的范围较开切眼侧大。

对不同推进距离对应的垂直位移分布规律进行分析,可得到同样的规律,如图 5-12 所示,开采初期卸压值及卸压范围较大,随着回采距离的增加,卸压值及卸压范围逐渐减小。当工作面推进至 200 m 时,卸压值及卸压范围趋于稳定,

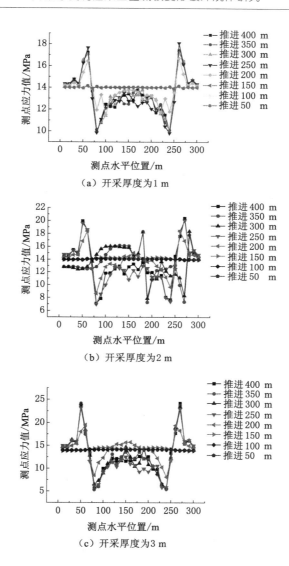

（a）开采厚度为 1 m

（b）开采厚度为 2 m

（c）开采厚度为 3 m

图 5-10　随工作面推进倾向中部应力分布规律

稳定值如图 5-12 中虚线所示。

（2）不同开采厚度开采初期位移分布特征

对比不同开采厚度条件下开采初期位移分布可以发现，开采厚度增加有利于开采初期底板移动变形范围的增加，且移动变形范围演化规律与应力分布演化规律对应。开采厚度较小时，对应的底板变形达到稳定时的推进距离较小，如

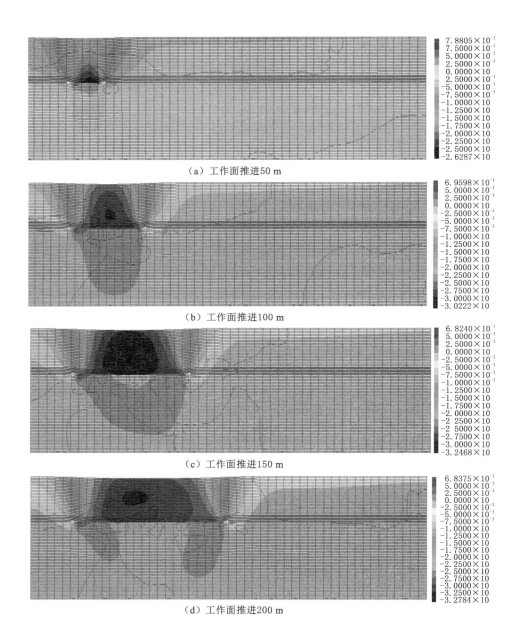

（a）工作面推进50 m

（b）工作面推进100 m

（c）工作面推进150 m

（d）工作面推进200 m

图 5-11　开采厚度为 3 m 时底板位移演化规律云图

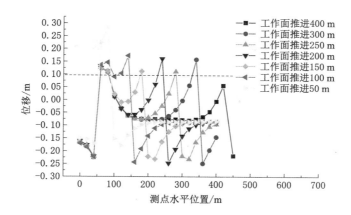

图 5-12　不同推进距离垂直位移分布

图 5-13(a)所示。当开采厚度为 1 m,工作面推进至 100 m 时,底板采空区已进入变形恢复状态,而对比 2 m 开采厚度及 3 m 开采厚度条件下的分布可以发现,此时仍然处于变形增加状态。

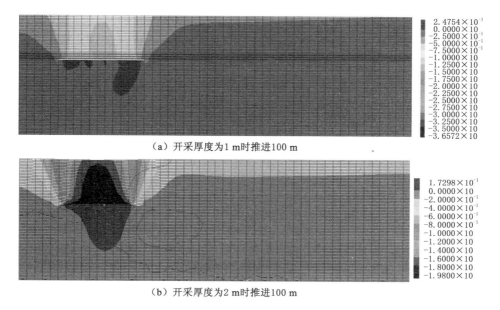

（a）开采厚度为1 m时推进100 m

（b）开采厚度为2 m时推进100 m

图 5-13　不同开采厚度开采初期位移分布云图

（3）不同开采厚度压实稳定期间底板位移

图 5-14 为不同开采厚度条件下底板位移分布云图,开采进入稳定压实阶段

时，采空区范围整体呈压缩状态，仅靠近运输巷、回风巷及工作面后方、开切眼前方一定范围内存在卸压区域。

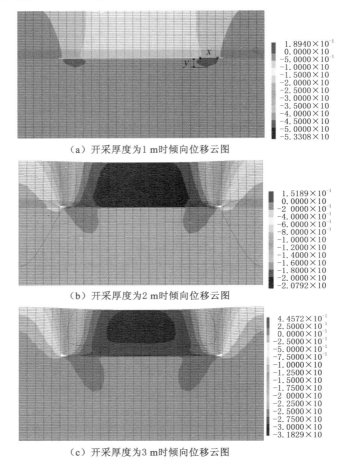

（a）开采厚度为1 m时倾向位移云图

（b）开采厚度为2 m时倾向位移云图

（c）开采厚度为3 m时倾向位移云图

图 5-14　不同开采厚度条件下底板位移分布云图

　　底板移动变形范围通过图 5-14(a)中 x 及 y 分布范围给出。图 5-14(a)中开采厚度为 1 m 时，对应的工作面后方卸压区域为 230 m＜x＜246 m，88 m＜y＜100 m。开采厚度为 2 m 时，对应卸压区域为 220 m＜x＜246 m，67 m＜y＜100 m。开采厚度增加至 3 m 时，对应卸压区域为 195 m＜x＜246 m，60 m＜y＜100 m。开采厚度增加，对应的卸压区域的范围增加，且随着开采厚度增加这一卸压区域增加量减小。

　　图 5-15 为工作面推进至 300 m 时，不同层间距条件下，不同开采厚度底板

位移对比。工作面侧位移值大于开切眼侧,随着开采厚度增加,位移值增加,开采厚度为 2 m 和 3 m 对应的卸压区位移接近。位移变化与应力变化具有一致性。

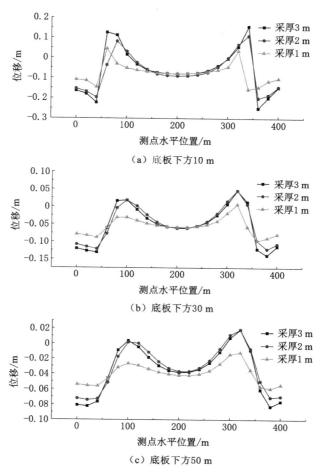

（a）底板下方10 m

（b）底板下方30 m

（c）底板下方50 m

图 5-15　不同开采厚度位移对比

5.2.3　底板变形演化规律

选取底板下方 10 m 及 30 m 位移测线,得到工作面推进 50 m、100 m、300 m 时底板 10～30 m 范围不同开采厚度的膨胀变形量。底板变形值计算示意图如图 5-16 所示。测线 1 与测线 2 为底板相邻两组位移测线,工作面推进一定距离后,依据底板测点的位移变化值计算两测线间的变形量。设测点 1 的位移值为

a,测点 $1'$ 的位移值为 a',两测点初始间距为 b,其变形值 b' 采用下式计算:

$$b' = (a'-a)/b \tag{5-5}$$

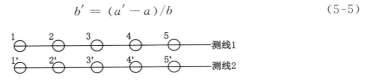

图 5-16 底板变形值计算示意图

当 $b' > 0$ 时,该水平位置对应测线间岩层膨胀;当 $b' < 0$ 时,该水平位置对应测线间岩层压缩。

图 5-17 给出了上述计算模型底板下方岩层膨胀变形量演化规律,当工作面推进至 50 m 时,膨胀变形量值达到最大,其中开采厚度 2 m、3 m 对应的膨胀变形量达 9.1‰、10.3‰,开采厚度 1 m 对应的膨胀变形量为 5.3‰。随着工作面推进距离的增加,膨胀变形量逐渐减小并趋于稳定。工作面推进至 100 m 时,膨胀变形量分为两部分,其中开切眼侧对应的 1~3 m 开采厚度的膨胀变形量分别为 4.2‰、5.4‰、9.6‰,工作面侧对应的膨胀变形量分别为 1.6‰、5.1‰、7‰。开采厚度增加对应的膨胀变形量增加,且开采厚度 2 m 与 3 m 膨胀变形量接近,开采厚度对底板膨胀变形量的控制作用存在一定的上限。随着开采厚度增加,底板膨胀变形量的改变量减小,开采厚度增加初期对底板膨胀变形的影响较为明显。

分析工作面后方最大膨胀变形量,可得到曲线如图 5-18 所示。

由图 5-18 可知,工作面后方卸压区域膨胀变形具有如下规律:不同推进距离条件下,推进至 50 m 时,不同开采厚度对应的膨胀变形量大于推进至 100 m 及 300 m 时对应的膨胀变形量,且推进至 100 m 之后,随着推进距离增加,不同开采厚度对应的膨胀变形量几乎不发生改变。开采初期 50~100 m 范围内,不同采高对应的膨胀变形量呈减小趋势,且减小过程为线性,线性斜率近似相等,当推进至 100 m 之后,不同采高对应的膨胀变形量不发生改变。

5.2.4 底板破坏范围演化规律

(1) 开采厚度为 3 m 时底板破坏演化规律

图 5-19 中,当工作面推进至 50 m 时,底板破坏范围即达到最大值,随着工作面推进,底板破坏以稳定范围向前演化。底板破坏范围受工作面前方支承压力影响,采动过程中,采空区应力恢复,但采空区受工作面前方支承压力的碾压作用已发生破坏。在分析底板破坏时,应以工作面前方支承压力进行分析。

(2) 不同开采厚度底板破坏范围分布规律

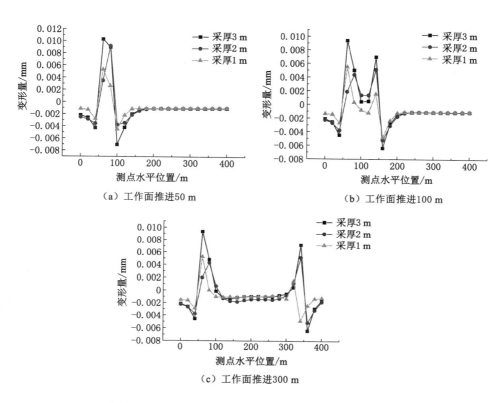

图 5-17　不同开采厚度被保护层膨胀变形量演化规律

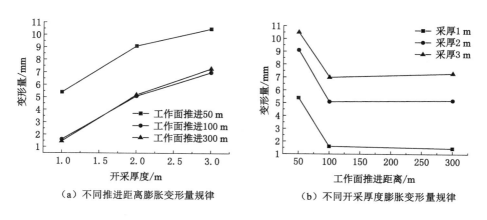

图 5-18　工作面后方膨胀变形演化规律

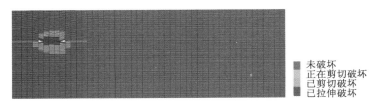

（a）工作面推进50 m

（b）工作面推进100 m

（c）工作面推进150 m

（d）工作面推进400 m

图 5-19　开采厚度为 3 m 时底板破坏演化规律

随着开采厚度增加,底板卸压破坏范围增加。图 5-20 中,开采厚度 1～3 m 对应的底板破坏范围分别为 15 m、21 m、23 m。

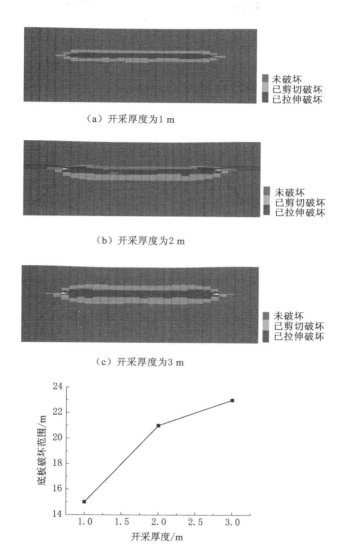

（a）开采厚度为1 m

（b）开采厚度为2 m

（c）开采厚度为3 m

（d）破坏范围分布规律

图 5-20　不同开采厚度底板破坏范围分布规律

5.3　本章小结

（1）基于不同开采厚度岩层垮落结构演化规律，结合采空区压实理论，建立了垮落带岩层变化范围动态演化的数值计算模型。该模型能够反映采动过程中垮落带岩层移动变形范围的动态演化特征以及其应力应变特征。

（2）得到了不同开采厚度条件下工作面开采初期采空区及底板应力演化规律。不同开采厚度条件下，开采初期卸压最大值不同。开采厚度 1 m 条件下，开采初期底板卸压至 6 MPa，而开采厚度 2 m 与 3 m 工作面，卸压值分别为 8 MPa 与 14 MPa。开采厚度为 1 m 时对应卸压区域的范围为 46 m；当开采厚度增加至 2 m 时，对应的卸压区域为 60 m；开采厚度增加至 3 m 时，卸压区域增加为 63 m。随开采厚度增加卸压值及卸压区域范围增加，且增加量减小。

（3）得到不同开采厚度条件下采空区压实稳定时期采空区及地表应力分布规律。采空区压实稳定后应力值在 12～13 MPa 之间。在底板下方 1 m 层位，开采厚度 1～3 m 卸压稳定后应力值分别为 9.8 MPa、8.2 MPa、6.4 MPa，相对初始应力卸压值分别为 4.2 MPa、5.8 MPa、7.36 MPa。在底板下方 11 m 层位，开采厚度 1～3 m 变化过程中卸压值分别为 2.85 MPa、5.02 MPa、6 MPa。在底板下方 51 m 层位，开采厚度 1～3 m 变化过程中卸压值分别为 1.88 MPa、3.12 MPa、3.96 MPa。层间距较小时，开采厚度与卸压值符合线性变化关系，随着层间距增加，线性相关的斜率减小。

（4）得到了不同开采厚度条件下工作面开采初期底板位移演化规律。开采厚度增加有利于开采初期底板移动变形范围的增加。开采厚度较小时，对应的底板变形达到稳定时的推进距离较小。当开采厚度为 1 m 时，工作面推进至 100 m 时底板采空区已进入应力恢复状态，而对比 2 m 开采厚度及 3 m 开采厚度条件可以发现，推进至 100 m 时仍然处于卸压状态。

（5）得到了不同开采厚度条件下工作面压实稳定时期底板位移演化规律。开采厚度为 1 m 时，对应的卸压区域为 230 m<x<246 m，88 m<y<100 m。开采厚度为 2 m 时，对应卸压区域为 220 m<x<246 m，67 m<y<100 m。开采厚度增加至 3 m 时，对应卸压区域为 195 m<x<246 m，60 m<y<100 m。开采厚度增加，对应的卸压区域的范围增加，且随着开采厚度增加这一卸压区域增加量减小。

（6）得到了不同开采厚度底板变形及破坏分布规律。当工作面推进至50 m 时，膨胀变形量值达到最大，其中开采厚度 2 m、3 m 对应的膨胀变形量达

9.1‰、10.3‰,开采厚度1 m对应的膨胀变形量为5.3‰。开采厚度对底板膨胀变形量的控制作用存在一定的上限,随着开采厚度增加,底板膨胀变形量的改变量减小。开采初期工作面后方不同开采厚度对应的膨胀变形量呈线性递减,且斜率近似相等,推进距离达到100 m时,随着推进距离增加膨胀变形量不发生改变。开采厚度1～3 m对应的底板破坏范围分别为15 m、21 m、23 m。

6 开采厚度应力调控在保护层开采中的应用

6.1 开采厚度与层间距相互关系

6.1.1 开采控制底板卸压的方式

当前保护层开采以常规开采为主,首先选择无煤与瓦斯突出危险的煤层进行开采,改善被保护层的储气特性,降低被保护层的突出危险性,保护层开采可以实现对保护范围内煤层及岩层的有效卸压。保护层与被保护层的空间关系如图 6-1 所示。

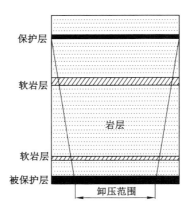

图 6-1 保护层与被保护层的空间关系

当遇到特殊情况,如上保护层距离被保护层较远,或上保护层煤层赋存厚度较小,开采保护层效果难以保证时,需要对开采厚度进行重新设计。改变开采厚度而增加被保护层的卸压作用有两种方法。第一种方法是增加原有保护层开采厚度,使保护层保护区域增加,底板卸压范围及卸压值增加。对于被保护层的卸压,由于受到层间距的影响,在距离被保护层较远时,增加开采厚度对底板卸压的增强作用要远远小于在距离开采层较近处增加开采厚度时的卸压效果。因此提出第二种方法,即在被保护层上方选择具有可开采条件的软岩层进行开采,实现被保护层的卸压。在选择软岩层作为保护层开采时,需要综合考虑其经济性。

6.1.2　开采厚度与层间距的匹配关系

层间距影响被保护层的卸压效果及裂隙的分布范围。当保护层与被保护层层间距较近时,被保护层卸压值较大,一定范围内底板岩层发生拉张破坏将对被保护层产生影响。开采导致的底板破坏在底板下方一定范围发育,且破坏范围内通常以贯穿裂隙为主。当被保护层与保护层间距较小时,被保护层位于这一范围内,贯穿裂隙导通至被保护层能够使得被保护层的卸压瓦斯沿着贯穿裂隙涌向保护层工作面,减小被保护层的瓦斯含量及压力。此时,保护层开采配合卸压煤层抽采即可消除被保护层的突出危险性。当保护层与被保护层的层间距较大时,若被保护层位于贯穿裂隙发育区域以外,且位于底板变形区域内时,该区域内被保护层卸压膨胀,但瓦斯仍然聚集于煤层中,因此需要对被保护层进行强化抽采,消除突出危险性。当层间距增加,被保护层位于变形范围以外时,保护层开采不能使被保护层消突。因此,对于一定开采厚度条件的保护层开采,层间距增加不利于被保护层的卸压。

由于卸压效果调整这一问题的提出,使得保护层的选择具有多种可能性。在下方被保护层允许的上保护层开采范围内选取合理的开采厚度与层间距匹配关系,使得保护层能够有效卸压时开采厚度与层间距匹配的目的。

保护层的选择需要综合考虑开采厚度与层间距,优选开采厚度与层间距需要两个步骤。首先,在确定开采厚度的条件下,分析不同层间距时被保护层的卸压效果,确定卸压有效的层间距;其次,在确定卸压有效层间距的条件下,得到能够满足卸压要求的最小开采厚度。当得到不同开采厚度条件下底板不同层间距的应力分布时,可以直接构建开采厚度、层间距及底板卸压三者的关系,对开采厚度与层间距匹配方案进行选择。建立开采厚度与层间距的关系,需要得到不同开采厚度条件下底板应力分布特征,依据前述得到的不同开采厚度条件下底板应力分布的计算方法可以对保护层的开采厚度与层间距匹配关系进行选择。

6.1.3　上保护层开采厚度下限

开采厚度下限是针对保护层卸压效果不足的开采条件下提出的,开采厚度下限是综合考虑开采的经济性与安全性,在确保保护层开采起到有效消突作用的前提下,减小开采引起的破岩量。确定开采厚度下限对不具备煤层保护层开采条件的突出煤层消突及煤层保护层卸压效果不足的保护层消突具有应用价值。

选取全岩保护层进行开采或者增加已有保护层的开采厚度,涉及开采厚度下限的选取。一定层间距条件下,开采厚度增加,底板卸压效果增加,但增大开采厚度使破岩量增加,导致生产成本提高。因此,对应不同层间距时,存在某一最小开采厚度,该开采厚度能够满足卸压要求,这一开采厚度即为保护层开采的开采厚度下限。在对开采厚度与层间距匹配关系进行优化时,要使开采厚度尽量减小,使开采厚度接近保护层开采安全开采厚度下限,既保证了突出煤层消突的安全性,又能提高全岩及部分含岩保护层开采的经济性。

同时,保护层开采存在安全煤柱留设的问题,当保护层开采留设隔离层较小时,容易使保护层与被保护层层间岩层失稳,从而使保护层失去安全屏障。同时层间距较近时,当保护层开采底板破坏范围影响至被保护层底板,使被保护层底板发生破坏时,对被保护层的回采产生了影响。因此,在进行保护层开采层间距选取时,要寻找到能够使保护层开采仅影响被保护层煤层的层间距,且保证层间岩性具有有效的阻隔作用。当层间距较小时,起到有效保护作用的开采厚度下限值降低,但开采厚度下限值需要考虑层间距的影响,因此开采厚度下限值是综合考虑满足卸压效果及最小层间距条件下得到的下限值。

确定最小开采厚度及最小层间距均需要得到不同开采厚度条件下的底板应力分布情况,因此不同开采厚度条件下的底板应力分布特征是开采厚度下限确定的基础。

6.2　卸压有效临界值的确定

6.2.1　保护有效性判定准则

（1）保护层开采有效间距

对于已进行保护层开采的工作面,确定保护层的有效性可采用《防治煤与瓦斯突出细则》中有关保护层有效性的现场考察方法对保护层卸压有效性进行现场考察。当保护层开采工作面为新开采工作面,且矿井暂无已开采保护层的经验数据时,可以采用保护层有效层间距给定的值对保护层设计进行预先评估。表 1-1 给出了当前我国突出矿井保护层开采的层间距选取参考依据,缓倾斜煤层上保护层开采最大有效垂距为 50 m,缓倾斜煤层下保护层开采最大有效垂距为 100 m。

（2）应力保护准则

矿井已有的突出事故能为被保护层能否发生突出提供一定的参考。应力保护准则中主要参数为突出煤层的倾角、埋深及测压力系数,该关系式从应力角度给出了能够发生突出事故煤层的临界值。

$$|\sigma_{yc}| \leqslant (\cos^2\alpha + \lambda\sin^2\alpha)\gamma H_B \qquad (6-1)$$

式中　σ_{yc}——垂直于煤层层理方向的应力；

　　　α——煤层倾角；

　　　γ——上覆岩层平均容重；

　　　x——采空区不同位置距离采场边缘的长度；

　　　H_B——第一次发生煤与瓦斯突出的矿井作业深度。

（3）当量层间距判定准则

刘洪永等[16]提出了当量层间距的概念，当量层间距结合了煤层倾角、保护层与被保护层层间岩性及工作面开采厚度等参数，对保护层与被保护层距离的概念进行了重新诠释。依据当量层间距对保护层开采进行了分类，将保护层分为近距离、远距离及超远距离。

对于上保护层开采当量层间距：

$$R = \frac{S_R}{M}\frac{1}{K_s\beta_1^2} = R_0\frac{1}{K_s\beta_1^2} \qquad (6-2)$$

对于下保护层开采当量层间距：

$$R = \frac{S_R}{M}\frac{1}{K_s\beta_1^2\beta_\alpha} = R_0\frac{1}{K_s\beta_1^2\beta_\alpha} \qquad (6-3)$$

式中　R——保护层与被保护层间的当量相对层间距；

　　　R_0——保护层与被保护层间的相对层间距；

　　　S_R——保护层与被保护层的层间垂距；

　　　β_α——煤层倾角；

　　　K_s——顶板管理系数，全部垮落法管理时取 1，水砂充填时取 0.2，其他形式全充填和局部充填时取 0.6；

　　　β_1——保护层开采厚度的影响系数，当 $h_m \leqslant h_{m0}$ 时，$\beta_1 = h_m/h_{m0}$，当 $h_m > h_{m0}$ 时，$\beta_1 = 1$；

　　　h_m——保护层的开采厚度；

　　　h_{m0}——保护层的最小有效厚度。

依据当量相对层间距对保护层进行分类，如表 6-1、表 6-2 所列。

表 6-1　上保护层开采分类情况

上保护层分类	当量相对层间距	下方被保护层在下伏岩层的位置	瓦斯抽采率/%	卸压瓦斯治理措施
近距离	$R_{min} < R \leqslant 20$	底鼓裂隙带中下部	>70	需瓦斯抽采
远距离	$20 < R < 50$	底鼓变形带	>60	需强化抽采

表 6-2　下保护层开采分类情况表

下保护层分类	当量相对层间距	上方被保护层在下伏岩层的位置	瓦斯抽采率 /%	卸压瓦斯治理措施
近距离	$R_{min}<R\leqslant20$	裂隙带中下部	>70	需瓦斯抽采
远距离	$20<R\leqslant40$	裂隙带与弯曲下沉带边缘	>60	需强化抽采
超远距离	$40<R<R_{max}$	弯曲下沉带	>50	需强化抽采

（4）变形保护准则

当前，变形保护准则在保护有效性评价中应用较广，煤层变形储气特征必然发生改变，因此国内学者对保护层开采的变形特征进行了研究。

以变形量作为消突有效性的指标如下：涂敏等[144]给出 6‰ 的变形量判定指标，变形量达到 6‰ 时煤体能够有效卸压，同时给出了充分卸压的指标，变形达到 4‰ 时煤体充分卸压。俞启香[145]给出 3‰ 的变形量判定指标，认为达到该值时煤体的透气性能够明显增加。吴仁伦等[146]给出 4‰ 的变形量判定指标，认为煤层变形量达到该值时，煤体充分卸压。李明好[147]、余国锋等[148]对应力与卸压煤层渗透率的关系进行了研究，得到了以最大主应力判定卸压效果的指标，当最大主应力降至原岩应力的 30% 时，岩体弹性潜能得到释放，煤层透气性大幅度提高。屈庆栋[149]建立了应力与变形的关系，从应力变化的角度给出了煤体卸压有效性指标，提出了卸压程度值的概念，卸压程度值反映了卸压后的应力值在原始应力值中所占的比例，当卸压程度值小于 0.3 时，认为卸压区域卸压有效。当卸压区域卸压程度值在 0.3～0.9 之间时，认为卸压区域部分有效。当大于 0.9 时，认为卸压没有起到作用。

保护层开采后，其下伏岩层均出现了卸压和岩层的变形。3‰ 的相对变形量在卸压保护有效性研究中应用较广。《防治煤与瓦斯突出细则》规定，若经实际考察被保护层的最大膨胀变形量大于 3‰，则检验和考察结果可适用于具有同一保护层和被保护层关系的其他区域。本书选取 3‰ 相对变形量作为考察保护范围的判据。

6.2.2　底板卸压的分带特征

（1）卸压与分带特征关系

煤体为多孔介质，多孔介质在地应力的作用下变形效果明显，同时煤体变形孔隙被压缩，因此，应力变化与煤体的渗透性有相关性。当应力增加时，对应的煤体渗透性降低，当应力减小时煤体的渗透性增加，因此通过应力可以间接得到被保护层煤体的变形特征，依据变形特征可以进一步判断被保护层的渗透性特征。为了量化被保护层的应力与渗透性特征的关系,当前国内学者给出分带的判别方法指标,并对分带进行了划分。对于下保护层有如下划分方法:

① 导气裂隙带:该分带内裂隙较为发育,且裂隙分布主要为竖向裂隙,竖向裂隙发育对应的煤岩层渗透率高。其形成竖向裂隙能够使保护层与被保护层形成沟通,瓦斯可以沿裂隙运移至开采工作面。

② 卸压解吸带:卸压解吸带内分布裂隙以层间裂隙为主,层间裂隙增加使卸压煤体发生膨胀变形。煤体膨胀变形对应的煤体内瓦斯压力降低,解吸瓦斯量增加,有利于瓦斯抽采。由于未能形成有效的瓦斯流动通道,卸压瓦斯聚集于煤体内,需要辅助一定的抽采手段,降低煤层瓦斯含量。

③ 不易解吸带:采动裂隙不发育,采动过程中对煤岩层的结构特征及储层特征影响较小,煤层内瓦斯赋存状态不发生明显改变,卸压效果不充分。

由上述下保护层开采分析可知,确定分带范围对于确定保护层开采的合理性及保护层开采的瓦斯抽采手段具有指导作用。对于上保护层开采同样需要预先对被保护层所在层位的分带特征进行判定,应力与底板变形及破坏具有相互关系,因此可以借鉴前述分析中给出的变形保护准则及不同应力作用下底板破坏特征对底板分带进行划分。

(2) 上保护层开采底板裂隙发育与分带特征

保护层开采工程领域,对于底板破坏及分带特征相对研究较少,而对于矿井突水的防治工程,准确掌握底板分带特征对指导防治水措施的实施具有重要作用。当前在底板突水防治方面对底板进行分带已有大量研究,因此在保护层开采分带中,可借鉴突水方面的相关研究结论[150-152]。对应于"上三带"理论,底板破坏同样分为"下三带",依据不同分带对含水层的隔离作用,当底板岩层完全破坏失去隔水能力时,所处的分带为底板破裂带。当底板岩层具有一定隔水能力,但内部有少量贯穿裂隙存在时,所处分带为导水带。当底板未发生破坏,隔水能力较强时,底板所处的分带为隔水带。上述分带特征体现了岩层破坏后裂隙的发育特征,裂隙越发育对于地下水的隔绝能力越差,对于气体的隔绝,上述分带具有一定的相似性。在"下三带"理论的基础之上,部分学者又对底板的分带进行了进一步的划分,依据底板岩层的损伤特征,通过分析损伤值建立底板分带的定量化分析模型,将底板分为卸压破坏带、新增损伤带、原始导高带及原始损伤带。参考突水防治的底板分带,图 6-2 给出了保护层开采的底板分带特征,针对被保护层消突,首先关注的是被保护层是否发生卸压增透,其次为被保护层卸压瓦斯能否有效排放。基于前述隔水层的裂隙分布与分带的关系,将保护层开采中底板划分为两带,分别为底鼓变形带与底鼓裂隙带。其中,底鼓裂隙带含有贯穿裂隙不能阻隔瓦斯流动,利于卸压瓦斯的排放。底鼓变形带是能够使被保护层发生膨胀变形的分带,该分带内瓦斯解吸,煤层透气性增加,但瓦斯不能够逸散出煤层。

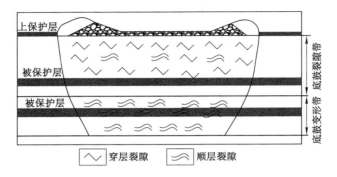

图 6-2　上保护层开采底板分带特征

底鼓裂隙带的显著特征是其内部含有大量的穿层裂隙及离层裂隙,分带范围岩层失去承载能力,研究表明该分带主要是受到支承压力的作用而发生破坏。底鼓变形带位于底鼓裂隙带下方,由于支承压力在底板传递过程中的衰减,使得该范围内岩层未能达到岩层最大剪应力值,因此该范围内岩层未发生破坏。未破坏的岩层处于弹性变形阶段,当岩层位于卸压区域时,应力减小后卸压煤岩层能够发生回弹变形,而随着岩层与开采层距离的增加,变形量逐渐减小。理论计算表明底板卸压作用影响范围较大,对应的底板变形范围同样较大,因此,对于底鼓变形带需要给定临界变形量的值,对其进行划分。

卸压区域的划分是为了有针对性地指导瓦斯抽采,在底鼓变形带的考察中通常以变形能够达到 3‰ 为临界值进行划分,认为变形量达到该值时瓦斯能够大量解吸,同时煤层透气性能够得到有效提高。

（3）卸压临界值判定

① 底鼓变形带的卸压应力临界值

依据前述分析,底板卸压可分为底鼓裂隙带与底鼓变形带。一定开采厚度条件下,层间距增加,被保护层所处的分带位置不同。其中将底鼓变形带视为可卸压保护的临界分带[153],依据《防治煤与瓦斯突出细则》,当被保护层卸压膨胀变形量最大值达到 3‰ 时,可视被保护层卸压有效。因此将底鼓变形带及底鼓裂隙带的范围视为卸压膨胀变形量大于等于 3‰ 的底板变形范围。该距离就是可以满足底板卸压要求的有效层间距。底板卸压分带特征见图 6-3。

煤岩体卸载前底板任一点应力为 $\sigma_{z0} = \gamma H$,$\sigma_{r0} = \sigma_{y0} = \lambda \sigma_{z0} = \lambda \gamma H$,卸载过程中该点应力表示为 $\sigma_{zm} = r\gamma H$,$\sigma_{rm} = \sigma_{ym} = r\lambda \gamma H$,其中 r 表示煤岩体卸载程度,r= 卸载后应力/卸载前应力。

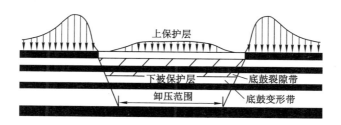

图 6-3 底板卸压分带特征

由广义胡克定律,得出卸载前煤层法向产生的应变为:

$$\varepsilon_{z0} = \frac{\sigma_{z0} - \mu(\sigma_{x0} + \sigma_{y0})}{E} = \frac{\gamma H - 2\mu\lambda\gamma H}{E} = \frac{\gamma H(1 - 2\mu\lambda)}{E} \qquad (6\text{-}4)$$

同一点法向卸载产生的应变为:

$$\varepsilon_{zm} = \frac{\sigma_{zm} - \mu(\sigma_{xm} + \sigma_{ym})}{E} = \frac{r\gamma H - 2r\mu\lambda\gamma H}{E} = \frac{\gamma H(r - 2r\mu\lambda)}{E} \qquad (6\text{-}5)$$

卸载后法向应变为:

$$\begin{aligned}
\Delta\varepsilon_z &= \varepsilon_{z0} - \varepsilon_{zm} \\
&= \frac{\gamma H(1 - 2\mu\lambda)}{E} - \frac{\gamma H(r - 2r\mu\lambda)}{E} \\
&= \frac{\gamma H(1 - 2\mu\lambda - r + 2r\mu\lambda)}{E} \qquad (6\text{-}6)
\end{aligned}$$

$$r = \frac{\sigma_{zm}}{\sigma_{z0}} \qquad (6\text{-}7)$$

式中　σ_{x0},σ_{y0},σ_{z0}——卸载前的原岩应力;

σ_{xm},σ_{ym},σ_{zm}——被保护煤层卸压后应力;

r——卸压程度;

ε_{z0}——起始状态下的应变;

ε_{zm}——煤层卸载产生的应变;

$\Delta\varepsilon_z$——卸载状态后煤岩体产生的应变;

H——卸压煤层埋深;

μ——泊松比;

E——弹性模量;

λ——侧压力系数;

γ——煤岩容重。

采用煤层卸压膨胀率达到3‰时所需的应力卸载程度作为判定保护有效性

的依据,膨胀变形量的判定式为:

$$\frac{\Delta \varepsilon_z}{1 - \varepsilon_{z0}} \geqslant 0.003 \tag{6-8}$$

将式(6-4)、式(6-5)代入式(6-8)中,推导出保护有效性的卸压程度表达式:

$$r \geqslant 1 - \frac{0.003 \left[E - \gamma H (1 - 2\mu\lambda) \right]}{\gamma H} \tag{6-9}$$

得到保护有效性的临界卸压程度为:

$$r_1 = 1 - \frac{0.003 \left[E - \gamma H (1 - 2\mu\lambda) \right]}{\gamma H} \tag{6-10}$$

将式(6-7)代入式(6-9)中,得到:

$$\sigma_{z1} = \left\{ 1 - \frac{0.003 \left[E - \gamma H (1 - 2\mu\lambda) \right]}{\gamma H} \right\} \sigma_{z0} \tag{6-11}$$

上述公式给出了保护层开采底板卸压后应力与变形量之间的相互关系,当计算得到卸压后应力 $\sigma_z < \sigma_{z1}$ 时,对应的煤岩层变形量未达到 3‰;当计算得到 $\sigma_z \geqslant \sigma_{z1}$ 时,认为变形量达到 3‰,卸压起到了有效的作用。该判定式建立了底板卸压应力与卸压有效性的关系。

根据式(6-10),可以计算得到有效卸压程度为:

$$r_1 = 0.56$$

将有效卸压程度值代入公式中,计算出有效卸压后应力上限值为:

$$\sigma_{z1} = 6.72 \text{ MPa}$$

初始应力值为 12 MPa,因此当卸压值大于 5.28 MPa 时,认为卸压起到有效保护作用。

② 底鼓裂隙带应力临界值

当底板破坏深度大于被保护层底板与保护层的层间距时,认为是对被保护层开采不利的。因此认为考虑最小层间距条件下,开采厚度下限应选择使底板破坏深度不超过被保护层底板为宜,底板破坏深度可采用莫尔-库仑准则进行判定。

由半无限平面弹性理论可计算得到底板任意一点的水平应力值 σ_x、垂直应力 σ_y、切应力 τ_{xy}。进一步可以计算得到该点的主应力为:

$$\sigma_{1,3} = \frac{\sigma_x + \sigma_y}{2} \pm \sqrt{\left(\frac{\sigma_x + \sigma_y}{2} \right)^2 + \tau_{xy}^2} \tag{6-12}$$

依据莫尔-库仑准则,当

$$\sigma_1 > \frac{2C\cos\varphi}{1 - \sin\varphi} + \sigma_3 \frac{1 + \sin\varphi}{1 - \sin\varphi} \tag{6-13}$$

式中　C——黏聚力；

　　　φ——内摩擦角；

　　　σ_1——最大主应力；

　　　σ_3——最小主应力。

依据莫尔-库仑准则可以判定底板是否发生破坏。因此,可依据该判定式,结合不同开采厚度条件下的底板应力分布特征,得到不同开采厚度条件下的被保护层底板破坏最大层间距。

6.3　不同开采厚度卸压有效层间距

6.3.1　层间距对卸压效果的影响

依据前述第4章得到的坚硬顶板条件下的不同开采厚度底板应力计算结果对层间距与卸压效果的影响进行分析。

图 6-4 为不同层间距对应的卸压值,给出了底板下方 10~130 m 层间距条件下的卸压值分布以及卸压最大值随层间距的变化规律。随着层间距的增加,底板下方不同层位的卸压最大值递减,对比开采厚度 1 m、2 m 及 3 m 三种情况。1 m 开采厚度时,层位距离底板较近时,卸压值迅速减小,之后缓慢变化,卸压值为原始应力值的 61%、29%、17%、11%、8%、6.5%、5.4%。2 m 开采厚度时,卸压值为原始应力值的 68.8%、39.2%、24.5%、17.0%、12.8%、10.1%、8.3%。而 3 m 开采厚度时,卸压值减小较为均匀,当开采厚度增加时,卸压值递减过程中,减小过程较为均匀,卸压值为原始应力值的 71%、44%、29%、21%、15.8%、12.7%、10.5%。同时,相同开采厚度条件下,随着层间距的增加,卸压值减小,但对应的卸压范围增加。

当开采厚度为 1 m 时,对应的初始卸压区为 40 m,依据有效保护性临界值对有效卸压区域进行判定,由图 6-4(a)可知,开采厚度为 1 m 时,达到临界卸压值对应的最大层间距为底板下方 21.3 m。开采厚度为 2 m 时,达到临界卸压值对应的最大层间距为底板下方 27 m。达到该卸压值时,底板下方 10 m 层间距对应的卸压范围为 21 m。开采厚度为 3 m 时,对应的初始卸压区域为 64 m。由图 6-4(c)可知,开采厚度为 3 m 时,达到临界卸压值对应的最大层间距为底板下方 31.6 m。达到该卸压值时,底板下方 10 m 层间距对应的卸压范围为 32.7 m。底板下方 30 m 层间距在 3 m 开采厚度时对应的卸压范围为 11.7 m。

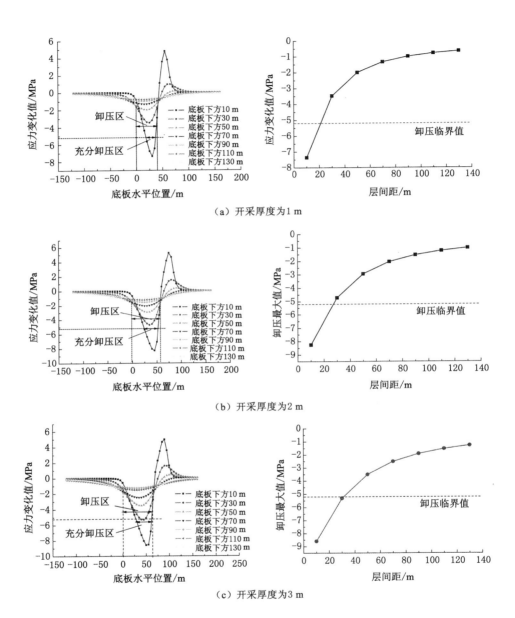

（a）开采厚度为1 m

（b）开采厚度为2 m

（c）开采厚度为3 m

图 6-4　不同层间距对应卸压值

6.3.2 开采厚度对不同层间距卸压效果的影响

依据前述计算结果,分别对底板一定层间距对应的不同开采厚度卸压值进行分析,得到不同开采厚度相同层间距卸压值对比曲线如图 6-5 所示。

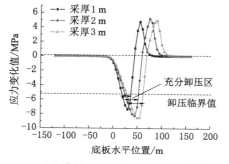

（a）底板下方 10 m 不同开采厚度对比

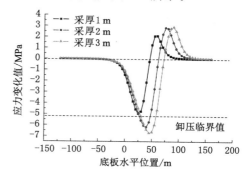

（b）底板下方 20 m 不同开采厚度对比

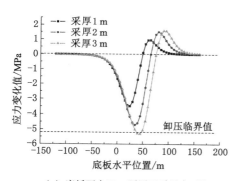

（c）底板下方 30 m 不同开采厚度对比

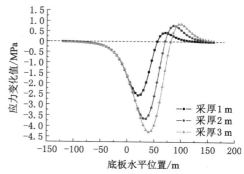

（d）底板下方 40 m 不同开采厚度对比

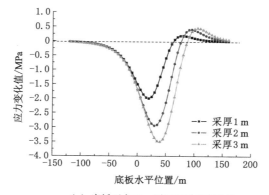

（e）底板下方 50 m 不同开采厚度对比

图 6-5　不同开采厚度相同层间距卸压值对比曲线

图 6-5 分别给出了底板下方一定层间距条件下,不同开采厚度对应的卸压值分布情况。对于不同层位煤岩层,随着开采厚度的增加,卸压值及卸压范围均增加。

统计不同层间距条件下不同开采厚度的卸压范围,得到如图 6-6～图 6-7 所示变化规律。当开采厚度增加时,相同层间距卸压范围增加。一定开采厚度条件下,随着层间距的增加,卸压范围增加。依据图 6-6 中测点数据,对其进行拟合,发现一定开采厚度条件下,随着层间距的增加,底板下方不同层位的卸压范围呈线性变化规律,且不同开采厚度对应的变化直线的斜率近似相等,图中开采厚度 1 m、2 m 及 3 m 时对应的卸压范围增加变化直线斜率分别为 0.45、0.44、0.42。

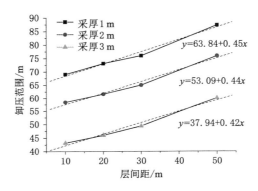

图 6-6   不同开采厚度卸压范围随层间距变化

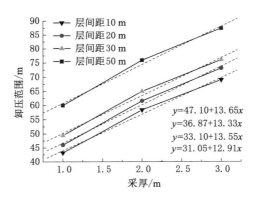

图 6-7   不同层间距卸压范围随开采厚度变化

依据图 6-7 中数据进行拟合,得到相同层间距条件下,随着开采厚度增加,卸压范围的变化规律同样呈线性,且不同层间距对应的变化直线的斜率近似相等,当层间距分别为 10 m、20 m、30 m、50 m 时,对应的斜率分别为 12.91、13.55、13.33、13.65。依据上述关系,可以确定不同开采厚度条件下,底板不同层位的卸压值。

同时依据卸压的有效临界值,划定了不同开采厚度条件下的有效卸压范围。层间距为 10 m 时,开采厚度为 1～3 m 均能满足有效卸压,卸压范围分别为 21 m、27.1 m、34.6 m;层间距为 20 m 时,开采厚度为 1 m 时不能满足卸压要求,开采厚度 2 m、3 m 卸压范围分别为 20.6 m、28.7 m;层间距为 30 m 时,开采厚度为 1 m 及 2 m 时不能满足卸压要求,开采厚度为 3 m 时对应的卸压范围为 7.8 m。依据开采厚度为 3 m 时不同层间距条件下对应的卸压范围,得到 3 m 开采厚度条件下,随层间距增加有效卸压范围递减,范围递减变化呈抛物线形状,抛物线方程如图 6-8 所示。

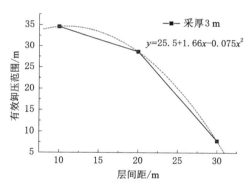

图 6-8 有效卸压范围随层间距变化规律

6.3.3 卸压有效开采厚度与层间距确定

依据不同开采厚度条件下底板不同层间距卸压最大值,得到卸压最大值分布规律如图 6-9 所示。

由图图 6-8 中变化规律可知,随着层间距的增加,不同层间距对应的底板卸压最大值呈增加趋势。对比不同开采厚度,当开采厚度增加时,随着层间距的增加,不同开采厚度卸压最大值的相对变化量先增加后减小。即层间距为 10 m 时,开采厚度由 1～3 m 变化过程中,卸压值最大值较接近,差值分别为 0.9 MPa、0.33 MPa。当层间距为 50 m 时,差值为 0.9 MPa、0.6 MPa。当层间距为 130 m 时,差值为 0.4 MPa、0.3 MPa,开采厚度由 1～3 m 变化过程中,卸压最大值的差异发生在底板下方 30～50 m 范围内。

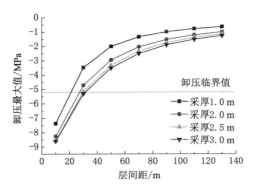

图 6-9　不同层间距不同开采厚度卸压最大值

依据有效卸压临界值,对不同开采厚度条件下卸压有效层间距进行判定,如图 6-9 中横线所示,当开采厚度为 3 m 时对应的卸压有效层间距为 31 m;当开采厚度为 2.5 m 时,对应的卸压有效层间距为 29.5 m;当开采厚度为 2 m 时,对应的卸压有效层间距为 27.4 m;当开采厚度为 1 m 时,对应的卸压有效层间距为 21 m。因此,当保护层与被保护层层间距为小于 21 m 范围时,开采厚度为 1~3 m 均能满足卸压有效要求。当保护层与被保护层层间距为 21~27.4 m 范围时,开采厚度为 2~3 m 可满足卸压有效要求。当保护层与被保护层间距为 27.4~29.5 m 范围时,开采厚度为 2.5~3 m 可满足卸压要求。当层间距大于 31 m,保护层与被保护层间距为 27.4~31 m 范围时,开采厚度为 3 m 可满足卸压要求。当层间距大于 31 m 时,上述各开采厚度卸压效果均较差。

依据开采厚度与卸压有效层间距的数据,得到如图 6-10 所示的变化规律。随着开采厚度的增加,卸压有效层间距呈线性变化规律,其中在开采厚度为 2 m 时,线性变化的斜率发生改变,但改变值较小。

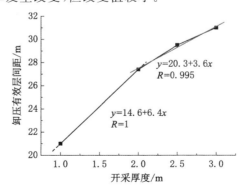

图 6-10　不同开采厚度卸压有效层间距

6.4　本章小结

（1）开展了开采厚度调控采空区及底板应力工程实践。得到了上保护层开采过程中,不具备煤层保护层开采条件或煤层较薄卸压效果不足时,采用全岩保护层或部分岩石保护层开采的工作面,其工作面开采厚度与层间距需要满足匹配关系。提出了在上述地质条件下的保护层开采设计,需要综合考虑开采厚度与层间距。

（2）针对全岩或半全岩上保护层开采,提出了开采厚度下限的概念,开采厚度下限是一定层间距条件下能够满足卸压要求的最小开采厚度值,层间距越小对应的开采厚度下限值越小。一定开采厚度条件下对应的卸压有效层间距存在临界值。

（3）开采厚度较小时,随着层间距的增加,卸压值在初始阶段减小速率较快。随着开采厚度增加,卸压值初始阶段减小速率降低。开采厚度增加对应的有效卸压范围增加,有效卸压的层间距增加。一定开采厚度条件下,对应的底板卸压有效范围随层间距增加呈抛物线形变化。一定层间距条件下,随着开采厚度增加卸压范围呈线性增加,不同层间距对应的线性增加斜率一致。一定开采厚度条件下,随层间距增加,对应的卸压范围呈线性增加,不同开采厚度对应的线性增加斜率一致。

（4）提出了底板卸压有效临界值的计算方法及不同开采厚度卸压有效层间距的确定方法。不同开采厚度卸压有效层间距可依据不同开采厚度底板卸压最大值随层间距变化曲线,结合卸压有效临界值进行划定。随着开采厚度的增加,卸压有效层间距呈线性变化,开采厚度增加初期,线性变化的斜率发生改变,改变值较小。

7 非全煤保护层最小有效保护开采厚度确定

7.1 红阳三矿概况

7.1.1 矿井开拓开采情况

矿井开拓方式为立井单水平上下山开拓,运输水平为－850 m,回风水平为－700 m,矿井通风方式为中央分列式,通风方法为抽出式,矿井采用倾斜走向长壁后退式采煤方法,综合机械化采煤工艺,顶板管理方法为全部垮落法。现在全矿五个采区生产,北二采区、北三采区、南一采区、西二采区,各采区均有专用的回风道,有四个采煤工作面,分别为北二下采区 1216 工作面、西二采区 1201 工作面、南一采区 703 工作面。

井田内布置了两个工业场地,分别为主、副井工业场地和北风井工业场地。主、副井工业场地布置在井田的中东部,场地内布置三条立井井筒,分别为两条主井和一条副井,矿井设一个生产水平,水平高程为－850 m,在井底车场附近由西南向东北布置三条大巷,分别为－850 m 北翼辅助运输大巷、－845 m 北翼带式输送机大巷和－850 m 北翼配风巷。在开凿至北一采区、北二采区边界时沿东西向开凿北一采区三条上山,分别为北一上-下采区带式输送机上山、北一上-下采区辅助运输上山和北一上-下采区回风上山,担负北一采区的开拓准备任务;垂直北一上-下采区三条上山布置－845 m 北翼辅助运输大巷、－855 m 北翼带式输送机大巷和－845 m 北翼回风大巷,担负北二、北三采区的开拓任务。另外,在井底车场附近布置开凿东西向水平石门,在进入 7 煤后沿南北向开凿西二采区 7 煤辅助运输巷、西二采区 7 煤带式输送机巷和西二采区 7 煤回风巷,担负西二采区 7 煤的开拓任务。南一采区胶带运输巷,南一采区轨道运输巷,南一采区专用回风巷担负南一采区开拓任务。

矿井开拓布置图见图 7-1。

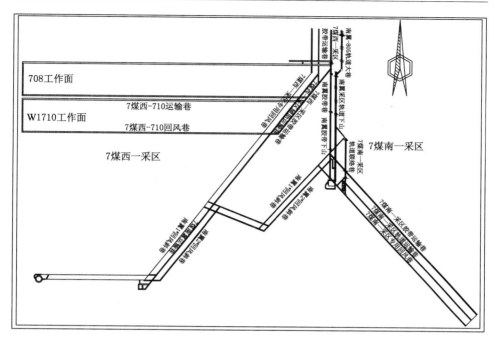

图 7-1　矿井开拓布置

7.1.2　煤层及顶底板岩性情况

（1）3 煤

3 煤是山西组上部的第一个可采煤层,煤层结构简单,不稳定,煤层厚度为 0.15～1.31 m,可采厚度为 0.70～1.31 m,平均厚 0.8 m。该区可采面积为 8.368 km²。深部扩大勘探区变薄不可采,扩大区内见煤点有 46 个,可采点 19 个,为孤立可采点,属不稳定煤层。

（2）7 煤

7 煤位于山西组底部砂岩之上,煤层结构简单,煤层厚度为 0.25～4.96 m,7 煤与 3 煤的平均层间距为 48 m,其中 7 煤顶板分布有较厚的泥岩层。全区普遍发育,全区可采,可采面积为 39.898 km²,属较稳定煤层。

（3）12-1 煤

12-1 煤位于太原组下部,煤层结构简单,煤层厚度为 0.28～4.71 m,可采厚度为 0.70～4.71 m,平均厚 1.4 m。煤层厚度发育稳定。12 煤与 7 煤平均间距为 65 m,全区普遍发育可采,可采面积为 47.001 km²,属较稳定煤层。

（4）12-2 煤

12-2 煤位于太原组下部,煤层结构简单,煤层厚度为 0.15～5.48 m,可采厚度为 0.70～5.48 m,煤层平均厚 1.69 m。该煤层上距 12-1 煤平均 1.20 m。该煤层顶板为黑色泥岩,底板为灰色、灰黑色细砂岩及粉砂岩。全区可采,可采面积为 41.391 km²。局部煤层由于辉绿岩的侵入变为天然焦或半煤半焦。属较稳定煤层。

(5)13 煤

13 煤是开采区域最后一个可采煤层,可采厚度为 0.70～4.80 m,煤层平均厚 1.65 m。煤层结构较简单,煤层有分叉变薄现象,厚度变化较大,个别钻孔煤厚突变不可采。煤层顶板为灰、灰黑色细砂岩及粉砂岩,底板为灰褐色黏土岩。上距 12-2 煤 1.4 m。基本为全区可采,可采面积为 42.525 km²。局部由于辉绿岩的侵入煤层被吞蚀或接触变质为天然焦。属较稳定煤层。

红阳三矿可采煤层赋存情况见表 7-1。

表 7-1　红阳三矿可采煤层赋存情况

地层时代	煤层号	煤层平均间距/m	平均厚度/m	结构	稳定性	可采类别
山西组	3	48	0.8	单一煤层	较稳定	局部可采
	7		2.7	复合煤层	稳定	全区可采
太原组	12-1	65	1.4	复合煤层	较稳定	全区可采
	12-2	1.2	1.69	复合煤层	较稳定	全区可采
	13	1.4	1.65	复合煤层	较稳定	大部可采

(6)顶底板岩性

根据钻孔勘察资料,煤层上方岩体简化为 18 层柱状图如图 7-2 所示,具体如表 7-2 所示。

7.1.3　瓦斯赋存情况

根据煤炭科学研究总院沈阳研究院编制的"沈阳煤业(集团)有限责任公司红阳三矿瓦斯抽采方案设计",红阳三矿浅部区相对瓦斯涌出量为 14.63 m³/t,绝对瓦斯涌出量为 116.39 m³/min;深部区相对瓦斯涌出量为 19.92 m³/t,绝对瓦斯涌出量为 158.47 m³/min。南一 7 煤瓦斯含量为 7.64 m³/t,瓦斯压力为 0.62 MPa;

西一7煤瓦斯含量为4.92 m³/t,瓦斯压力为0.52 MPa;西二12煤瓦斯含量为2.65 m³/t,瓦斯压力为0.65 MPa;北二12煤相对瓦斯含量为5.62 m³/t,瓦斯压力为0.65 MPa;北三12煤瓦斯含量为3.13 m³/t,瓦斯压力为0.08 MPa。

地质时代					柱状图	煤层号	厚度/m	岩层描述
界	系	统	群组	符号				
新生界	第四系			Q			122~96 / 113.30	该系不整合于各系地层之上,底部为砾石、砂砾层,上部多为亚砂土、亚黏土及地表腐殖土
中生界	侏罗系			J				底部:砾岩层砾石,成分为紫红色泥质胶结和石灰岩砾;中部:紫色厚层状粉砂岩;上部:安山岩、玄武岩
古 生 界	二 叠 系	上统	石千峰组	P_2^2			400~0 / 170	下部:灰绿色粗砂岩,凝灰质胶结,成分为花岗岩砾及火山砾;上部:紫红色细砂岩
		上统	上石盒子	P_2^1			360~30 / 350	下部:紫红色中粒砂岩,具明显交错层理;上部:紫灰绿杂色泥岩
		下统	下石盒子	P_1^2			301~116 / 201.80	下部:灰绿杏灰色泥岩和绿色砂岩;上部:灰紫粉杂色黏土质泥岩;中部:有层黏土距山西组3煤130 m,为煤岩对比的标志层
		下统	山西组	P_1^1	1 2 3 4 5 6 7	134~84 / 112.80	本区主要含煤地层,含煤七层。下部:砂岩段为灰或杏灰色中粗砂岩,成分以长石为主,云母次之,黏土质胶结;上部:含煤段由灰白色砾岩、黑灰色粉砂岩、黑色泥岩、灰色黏土质泥岩组成,其间含有1到7层煤
	石 炭 系	上统	太原群	C_3	8 9 10 11 12 13 14	108~68 / 86.70	下部砾岩段:灰白杏灰色中粗砂岩,以石英为主,长石次之;下部含煤段:由黑色泥岩、煤层、深灰色黏质土泥岩、粉砂岩组成;中部砂岩段:灰白色厚层状粗中粒砂岩,具微波状层理;上部黑色泥岩段:由黑色海相泥岩、泥灰岩、砂岩组成,间夹煤层,不可采
		中统	本溪群	C_2			130~94 / 115.60	下部:杂色泥岩段,以紫色灰色黏土质泥岩为主;上部:石灰岩段,石灰岩、黑灰色粉砂岩互层,顶部为铁质粉砂
	奥 陶 系	中统	马家河组	O_2			400	本井田沉积基底,主要是灰、深灰色厚层状石灰岩,全组厚约400 m

图 7-2 综合柱状图

表 7-2　红阳三矿围岩物理力学参数

编号	岩性	各层厚度/m	抗压强度/MPa	抗拉强度/MPa	弹性模量GPa	密度/(g/cm³)	泊松比
18	中砂岩	3.80	33.38	3.7	33.0	2.73	0.29
17	细砂岩	9.24	24.80	2.5	32.0	2.74	0.20
16	中砂岩	8.92	24.80	3.7	33.0	2.74	0.23
15	泥岩	3.67	12.87	1.7	20.0	2.72	0.30
14	粉砂岩	1.77	24.80	3.0	35.9	2.74	0.29
13	1煤	0.29	12.25	1.5	13.0	1.71	0.23
12	细砂岩	0.74	24.80	2.5	32.0	2.74	0.30
11	粉砂岩	2.27	24.80	3.0	35.9	2.74	0.23
10	中砂岩	5.9	24.80	3.7	33.0	2.74	0.29
9	泥岩	2.64	12.87	1.7	20.0	2.72	0.28
8	黏土岩	1.93	12.87	1.1	20.0	2.72	0.23
7	泥岩	3.00	12.87	1.7	20.0	2.72	0.25
6	泥岩	0.87	12.87	1.7	20.0	2.72	0.29
5	细砂岩	2.92	23.99	2.5	32.0	2.57	0.23
4	中砂岩	10.64	24.83	3.7	33.0	2.66	0.28
3	泥岩	0.62	14.87	1.7	20.0	2.72	0.30
2	3煤	1.00	12.25	1.5	13.0	1.71	0.36
1	泥岩	0.66	14.87	1.7	20.0	2.72	0.28

7.2　红阳三矿保护层开采厚度设计

7.2.1　保护层开采工程背景

　　红阳三矿主要可采煤层为山西组 3、7 煤及太原组 12-1、12-2 和 13 煤,目前矿井主要开采 7 煤和 12 煤,12 煤为突出煤层,开采顺序大部分为先开采 7 煤,再开采 12 煤,7 煤在矿井现有条件下鉴定为无突出危险性,7 煤瓦斯含量较大,由于矿井现进入南一深部采区,为了保证 7 煤的安全开采,防范突出事故的发生,拟采用开采 3 煤保护 7 煤的方法解决后续 7 煤开采可能出现的瓦斯问题,采用保护层开采使 7 煤充分卸压,抽采卸压瓦斯。

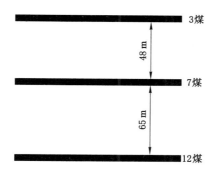

图 7-3   煤层空间位置关系

根据已有资料,红阳三矿 3 煤平均厚度为 0.8 m,为极薄煤层,初步设计开采厚度为 1.0 m,3 煤与被保护的 7 煤层间距离约为 48 m,两个煤层之间沉积有砂岩、泥岩、煤线等厚度不等的煤岩层。由于设计开采的 3 煤为上保护层薄煤层开采,保护层和被保护层间距相对较远,且泥岩 7 煤顶板上方泥岩透气性较差,因此,3 煤开采后裂隙影响范围、应力场变化规律及 3 煤开采对 7 煤的保护效果还不清楚,同时如果保护层开采过程中顶板卸压效果不理想,能否通过增加开采厚度增强被保护层卸压效果,为此开展不同开采厚度下的底板岩层及被保护层卸压效应研究。

7.2.2   保护层开采设计参数选取

(1)采空区支承压力分布状态

① 关键层位置确定

依据关键层位置判别方法[154],同时结合表 7-2,得到如图 7-4 所示的关键层差别。依据红阳三矿地质报告,岩层垮落角约为 60°,工作面设计开采长度为 200 m,计算不同高度覆岩的极限跨距并结合表 7-2 及综合柱状图 7-2,确定工作面斜长控制垮落岩层范围为工作面上覆 101 m 范围。

工作面斜长控制的上覆岩层垮落最大范围为 101 m,因此主关键层控制了上方 45.58 m 的岩层。同时未达到垮落稳定状态时亚关键层 1 载荷为 782.96 kPa,亚关键层 2 载荷为 244.41 kPa。

② 垮落范围高度预计

依据煤层柱状图及煤层赋存条件,开展保护层开采工作的 3 煤属于极薄煤层,平均厚度仅为 0.8 m,且保护层与下被保护 7 煤层的间距有 48 m,保护有效性有待验证。基于煤层的赋存厚度,及考虑矿井开采经济成本的合理性,分别对开采厚度 1 m、1.5 m、2 m、2.5 m 及 3 m 的情况进行分析。依据上述岩层的物

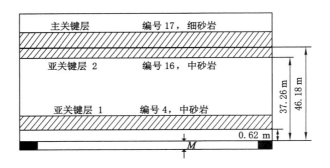

图 7-4　红阳三矿关键层判别

理力学性质,对其顶板岩性进行平均化处理,计算得到顶板岩层的平均抗压强度约为 22 MPa,取 20 MPa 进行计算。依据表 7-2,其顶板类型属于较坚硬类,因此垮落带范围的计算公式为:

$$H_1 = \frac{100h_{\mathrm{m}}}{4.7h_{\mathrm{m}} + 19} + 2.2$$

裂隙带计算公式为:

$$H_{\mathrm{d}} = \frac{100h_{\mathrm{m}}}{1.6h_{\mathrm{m}} + 3.6} + 5.6$$

将开采厚度代入得到不同开采厚度条件下对应的垮落带、裂隙带分布范围如表 7-3 所列。

表 7-3　覆岩垮落带、裂隙带分布范围

开采厚度/m	垮落带高度 H_1/m	裂隙带高度 H_{d}/m
1.0	6.4	24.8
1.5	8.0	30.6
2.0	9.2	35.0
2.5	10.3	38.5
3.0	11.3	41.3

③ 可选择开采厚度确定

依据煤层厚度,结合实际生产条件,认为可选择最大开采厚度为 3 m。当开采厚度为 1 m 时,依据式(4-38),亚关键层 1 下方空隙高度为 0.85 m。亚关键层 1 的极限挠度可依据下式计算:

$$极限跨距:L_{\mathrm{IT}} = h\sqrt{\frac{2R_{\mathrm{T}}}{q}} = 32.71\,(\mathrm{m})$$

对应的极限挠度：$f_{max} = \dfrac{5ql^4}{384EI} = 4.23 \times 10^{-3}$（m）

亚关键层 1 发生破断，开采厚度影响范围在亚关键层 1 上方。将关键层上方岩层视为均质岩层，当开采厚度为 3 m 时对应垮落影响范围为 11.3 m，距离亚关键层 2 较远，因此在可选择开采厚度范围内，开采厚度主要通过改变垮落垫层应力-应变特性调整亚关键层 2 及主关键层 1 的变形。

④ 地基系数确定

依据不同开采厚度条件下，对于垮落范围内碎胀系数的计算式（4-33）可得，不同开采厚度条件下，垮落范围垫层的碎胀系数为：

$$B = 1 + 0.01 \times (4.7h_m + 19)$$

表 7-4　不同开采厚度垮落带碎胀系数

开采厚度/m	碎胀系数 B
1.0	1.237
1.5	1.261
2.0	1.284
2.5	1.307
3.0	1.331

取覆岩平均抗压强度 $\sigma_c = 20$ MPa，代入不同开采厚度条件下的垮落垫层应力应变计算公式中，得到不同开采厚度条件下垮落带压缩变形特征如图 7-5 所示。

$$F_f = \dfrac{\dfrac{10.39\sigma_c^{1.042}}{B^{7.7}}(h_y/\dfrac{h_m}{B-1})}{1 - (h_y/\dfrac{h_m}{B-1})/\left(\dfrac{B-1}{B}\right)} = \dfrac{E_0(h_y/H_1)}{1 - h_yB/h_m}$$

由图 7-5 中曲线可知，随着开采厚度的增加，垮落带范围内岩层的应力应变曲线初始变形阶段变化趋于一致。依据上述计算得到的裂隙带范围，进一步计算弯曲下沉岩梁变形时对应的弹性地基的地基系数，以及弯曲下沉岩梁下方的自由空间。1～3 m 不同开采厚度工作面裂隙带对垮落垫层作用力分别为：0.460 MPa、0.565 MPa、0.645 MPa、0.705 MPa、0.75 MPa。由图 7-5 中给出垮落垫层支承反力与变形量关系，当支承反力为 1 MPa 时对应的垮落垫层的压缩量 u 极小，估算得到作用于地基上的载荷为 14.1 MPa，在图中选取该应力值对应的不同开采厚度条件的应力变形曲线的切线，得到地基系数。对于岩梁前方地基系数，考虑岩梁变形影响范围，选取亚关键层下方对应的粉砂岩及泥岩为

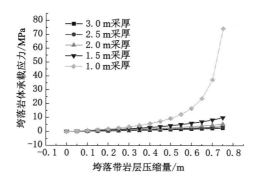

图 7-5　红阳三矿不同开采厚度垮落带压缩变形特征

其垫层,依据粉砂岩及泥岩弹性模量及厚度,确定地基系数为 4.29 GPa/m³。

⑤ 不同开采厚度采空区支承压力分布计算

依据上述计算,给出红阳三矿不同开采厚度条件下的关键层岩梁转移至采空区的应力值计算参数如表 7-5 所列。

表 7-5　红阳三矿不同开采厚度弯曲岩梁对底板作用力计算参数

开采厚度/m	k_1(垮落垫层地基系数) /(GPa/m³)	k_2(关键层岩层地基系数) /(GPa/m³)	q(关键层上方载荷) /MPa	泊松比 μ
1.0	0.0 587	4.29	14.1	0.022
1.5	0.0 158	4.29	14.1	0.024
2.0	0.00 851	4.29	14.1	0.027
2.5	0.00 554	4.29	14.1	0.030
3.0	0.00 392	4.29	14.1	0.034

弯曲岩梁作用于不同开采厚度条件下垮落垫层,开采厚度为 1 m 时,垮落垫层随压缩量的变化,支承反力变化较大,对应的弯曲岩梁挠度较小,随着开采厚度增加,弯曲岩梁的挠度变化量逐渐增加,挠度变化量的增加导致其卸压区域的卸压范围增加。图 7-6 中应力恢复稳定时对应的应力值为 14.1 MPa,当应力低于 14.1 MPa 时,对应的区域属于卸压区,由此可知 1 m 开采厚度时,对应的卸压区域卸压水平距离约为 36 m,1.5 m 开采厚度对应卸压水平距离为 54 m,2 m 开采厚度对应卸压水平距离为 64 m,2.5 m 开采厚度对应卸压水平距离为 72 m,3 m 开采厚度对应卸压水平距离为 78 m。开采厚度增加改善了采空区卸压范围,增加了保护层开采卸压区范围。

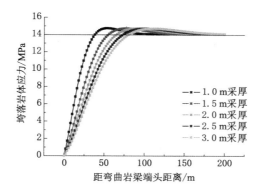

图 7-6   红阳三矿不同开采厚度弯曲下沉岩梁作用力分布

（2）工作面支承压力分布状态

取岩层垮落角为 $60°$，依据裂隙带高度，得到不同 $1\sim3$ m 开采厚度条件下，裂隙带卸压范围分别为 14 m、18 m、20 m、22 m 及 24 m。由裂隙带卸压范围与弯曲岩梁卸压范围得到不同开采厚度应力卸压区的范围分别为 50 m、72 m、84 m、94 m、102 m。工作面支承压力分布形式如图 4-19 所示。

对应图 4-19 中采空区范围内虚线框范围的卸压值与工作面前方支承压力范围值相等，选取工作面前方支承压力计算参数，$f=0.2$、$\varphi=28.5$、$\lambda=0.5$、$N_0=2.75$ MPa，开采厚度 h_m 分别为 $1\sim3$ m，L_c 为不同开采厚度应力恢复距离，代入式（4-42）、式（4-47）、式（4-48）得：

$$\frac{L_c}{K} = 7.1 h_m \ln(5.1 \times K) + \frac{h_m}{0.2}\ln K$$

得到不同开采厚度对应的工作面前方②、③范围及 K 值如表 7-6 所列。

表 7-6   红阳三矿不同开采厚度支承压力分布

开采厚度/m	K	②范围/m	③范围/m	④范围/m
1.0	2.82	24.1	5.2	50
1.5	2.52	34.1	6.9	72
2.0	2.20	42.2	7.9	84
2.5	2.04	50.5	8.9	94
3.0	1.88	57.6	9.5	102

（3）不同开采厚度底板应力分布

依据不同开采厚度对应的支承压力分布区域，采用半无限平面弹性理论对底板下方 5 m、10 m、20 m、30 m、40 m、48 m、60 m 位置卸压值进行计算得到图 7-7 所示反映底板应力分布情况的卸压值分布曲线。

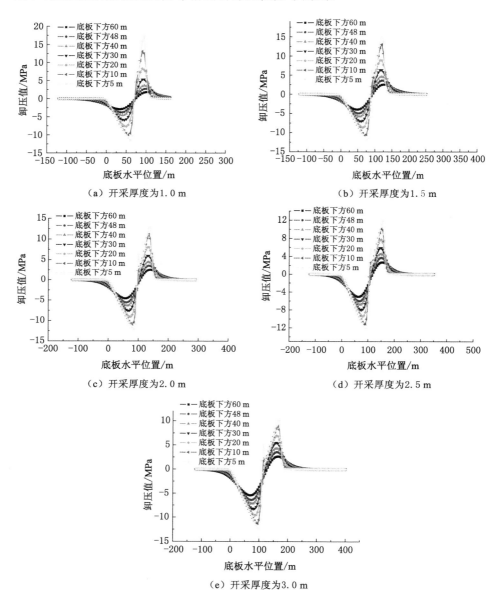

（a）开采厚度为1.0 m

（b）开采厚度为1.5 m

（c）开采厚度为2.0 m

（d）开采厚度为2.5 m

（e）开采厚度为3.0 m

图 7-7　红阳三矿不同开采厚度底板卸压值分布曲线

图 7-7 中给出了不同推进距离对应的底板下方不同层位的卸压值分布情况。图中曲线整体变化规律表明,不同开采厚度条件下,开采厚度增加有利于卸压范围及卸压值的增加,同时开采厚度增加至 2 m 时,随着开采厚度的增加,卸压范围及卸压值增加效果减小。相同开采厚度条件下距离保护层越远,卸压区域范围及卸压值越小,支承压力对卸压值的影响随着岩层与保护层距离的增加而逐渐减弱。

依据图 7-7 得到的不同开采厚度底板下方不同层位卸压最大值分布规律,对不同开采厚度条件下底板不同层位卸压最大值进行比较,如图 7-8 所示。由不同层位最大卸压值可知,随着开采厚度的增加,不同层位的卸压最大值逐渐接近,且底板距离开采煤层越近,随开采厚度增加卸压值趋于一致的规律越明显。图中底板下方 5 m 岩层,对应开采厚度 1～3 m 变化过程中卸压值分别为 11.90 MPa、12.35 MPa、12.39 MPa、12.54 MPa、12.60 MPa。底板下方 60 m 岩层,对应开采厚度 1～3 m 变化过程中,卸压值分别为 2.31 MPa、2.66 MPa、2.80 MPa、2.91 MPa、2.98 MPa。

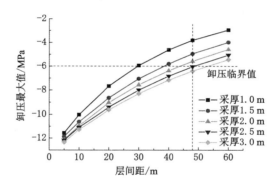

图 7-8 红阳三矿不同层位及开采厚度下卸压最大值比较

由图 7-9 可知,随着开采厚度增加,不同开采厚度条件下,被保护层的卸压最大值随开采厚度的增加趋于一致。开采厚度由 1 m 增加至 3 m 过程中,对应的被保护层最大卸压值分别为 3.0 MPa、3.7 MPa、3.8 MPa、3.9 MPa 及 4.0 MPa。同时,随着开采厚度增加,被保护层的卸压区域范围逐渐增加,且范围逐渐趋于一致。

(4) 开采设计参数的选取

① 被保护层卸压合理开采厚度

依据红阳三矿煤岩物理力学参数报告,7 煤弹性模量 $E=2.0$ GPa,泊松比 $\mu=0.28$,侧压系数取 1。依据前述确定的卸压临界值计算方法,当卸压有效时

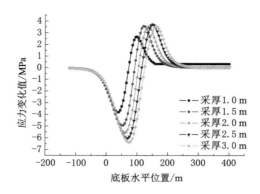

图 7-9　不同开采厚度 7 煤被保护层卸压值分布

对应的卸压程度值为 0.701。依据该矿井埋深,卸压初始应力值约为 20 MPa,因此使被保护层达到 3‰变形量需要卸载的临界应力值应大于 5.98 MPa。

② 不同开采厚度被保护层卸压有效范围

依据该临界值结合图 7-8 可知,当开采厚度为 1 m 时对应的卸压有效层间距为 29 m;当开采厚度为 1.5 m 时对应的卸压有效层间距为 38 m;当开采厚度为 2 m 时对应的卸压有效层间距为 43 m;当开采厚度为 2.5 m 时对应的卸压有效层间距为 48 m;当开采厚度为 3 m 时对应的卸压有效层间距为 52 m。因此,当保护层与被保护层层间距为小于 29 m 范围时,开采厚度 1～3 m 均能满足卸压有效要求。当保护层与被保护层层间距为 29～38 m 范围时,开采厚度 1.5～3 m 可满足卸压有效要求。当保护层与被保护层间距为 38～43 m 范围时,开采厚度 2～3 m 可满足卸压有效要求。当保护层与被保护层间距为 43～48 m 范围时,开采厚度 2.5～3 m 可满足卸压有效要求。当保护层与被保护层间距为 48～52 m 范围时,开采厚度 3 m 可满足卸压有效要求。当层间距大于 52 m 时,上述各开采厚度卸压均不能满足要求。

同时依据 3 煤与 7 煤层间距,当层间距为 48 m 时,开采厚度为 1 m 时对应的卸压值为 3.8 MPa,变形量为 1.91‰;开采厚度为 1.5 m 时对应的卸压值为 4.9 MPa,变形量为 2.46‰;开采厚度为 2 m 时对应的卸压值为 5.56 MPa,变形量为 2.79‰;开采厚度为 2.5 m 时对应的卸压值为 6.02 MPa,变形量为 3.02‰;开采厚度为 3 m 时对应的卸压值为 6.39 MPa,变形量为 3.20‰。

图 7-10 为不同开采厚度对应的卸压有效层间距,由对图中数据进行拟合得到,当开采厚度由 1 m 到 3 m 变化过程中,开采厚度与卸压有效层间距呈线性变化关系,其中在开采厚度 1.5 m 处发生突变。1～1.5 m 变化过程中,随开采厚度与卸压有效层间距符合关系式 $y=11+18x$;当开采厚度大于 1.5 m 时符合

关系式 $y=24.1+9.4x$。

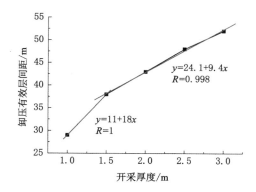

图 7-10　红阳三矿不同开采厚度卸压有效层间距

图 7-11 为 3 煤保护层不同开采厚度对应的 7 煤被保护层最大膨胀变形量，随着开采厚度的增加，7 煤最大膨胀变形量符合关系式：

$$y = 8.180 - \frac{0.230}{1 - 0.963x^{-0.009}}$$

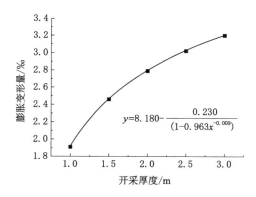

图 7-11　红阳三矿不同 3 煤开采厚度 7 煤最大膨胀变形量

7.3　本章小结

本章以红阳三矿薄煤保护层开采为工程背景，开展了保护层合理开采厚度选取的研究，依据前述理论分析及数值计算的结果，结合保护有效准则给出了保

护层布置开采厚度及开采厚度与层间距匹配关系,得到主要结论如下:

（1）依据红阳三矿保护层围岩力学参数,计算得到了不开采厚度条件下底板应力分布状态。

（2）计算得到了卸压有效的临界卸压值,给出了红阳三矿 3 煤开采不同开采厚度条件下对应的卸压有效层间距,确定了 3 煤保护层开采厚度为 2.5 m。

（3）开采厚度与卸压有效层间距具有线性关系,且在开采厚度增加至 1.5 m 时,线性关系对应的斜率值发生突变,开采厚度由 0～1.5 m 变化时,卸压有效层间距与开采厚度符合关系式 $y=11+18x$;当开采厚度大于 1.5 m 时符合关系式 $y=24.1+9.4x$。

（4）3 煤保护层开采厚度增加,对应的 7 煤被保护层卸压膨胀变形量增加,开采厚度与卸压膨胀变形量符合关系式:

$$y = 8.180 - \frac{0.230}{1 - 0.963x^{-0.009}}$$

参 考 文 献

[1] 中华人民共和国国土资源部.中国矿产资源报告:2016[M].北京:地质出版社,2016.

[2] 卢守青,程远平,王海锋,等.红菱煤矿上保护层最小开采厚度的数值模拟[J].煤炭学报,2012,37(增刊1):43-47.

[3] LIU H B,CHENG Y P,SONG J C,et al..Pressure relief,gas drainage and deformation effects on an overlying coal seam induced by drilling an extra-thin protective coal seam[J].Mining science and technology(China),2009,19(6):724-729.

[4] LUNAREWSKI L W.Gas emission prediction and recovery in underground coal mines[J].International journal of coal geology,1998,35(1-4):117-145.

[5] JAEGER J C,COOK N G W.Fundamentals of rock mechanics[M].2d ed.London:Chapman and Hall,1976.

[6] SOMERTON W H,SÖYLEMEZOĞLU I M,DUDLEY R C.Effect of stress on permeability of coal[J].International journal of rock mechanics and mining sciences & geomechanics abstracts,1975,12(5-6):129-145.

[7] 王岩,王路军,齐建军,等.红菱煤矿开采保护层对煤岩体透气性的数值模拟[J].地球科学与环境学报,2008,30(2):161-165.

[8] 程伟.煤与瓦斯突出危险性预测及防治技术[M].徐州:中国矿业大学出版社,2003.

[9] PACKHAM R,CINAR Y,MOREBY R.Simulation of an enhanced gas recovery field trial for coal mine gas management[J].International journal of coal geology,2011,85(3-4):247-256.

[10] AIRUNI A T.Relationship between the gas release of the overlying and underlying protective coal seams and the degassing caused by these[J].Annales des mines de belqique,1979(5):481-503.

[11] WHITTLES D N,LOWNDES I S,KINGMAN S W,et al.Influence of

geotechnical factors on gas flow experienced in a UK longwall coal mine panel[J]. International journal of rock mechanics and mining sciences，2006,43(3):369-387.

[12] 宁齐元.分叉突出煤层上保护层开采保护特性研究[D].武汉:中国地质大学,2012.

[13] 夏红春,程远平,柳继平.利用覆岩移动特性实现煤与瓦斯安全高效共采[J].辽宁工程技术大学学报(自然科学版),2006,25(2):168-171.

[14] 程远平,周德永,俞启香,等.保护层卸压瓦斯抽采及涌出规律研究[J].采矿与安全工程学报,2006,23(1):12-18.

[15] 程远平,俞启香,周红星,等.煤矿瓦斯治理"先抽后采"的实践与作用[J].采矿与安全工程学报,2006,23(4):389-392.

[16] 刘洪永,程远平,赵长春,等.保护层的分类及判定方法研究[J].采矿与安全工程学报,2010,27(4):468-474.

[17] 刘洪永,程远平,赵长春,等.采动煤岩体弹脆塑性损伤本构模型及应用[J].岩石力学与工程学报,2010,29(2):358-365.

[18] 刘洪永.远程采动煤岩体变形与卸压瓦斯流动气固耦合动力学模型及其应用研究[D].徐州:中国矿业大学,2011.

[19] 王海锋,程远平,刘桂建,等.被保护层保护范围的扩界及连续开采技术研究[J].采矿与安全工程学报,2013,30(4):595-599.

[20] 王海锋,程远平,吴冬梅,等.近距离上保护层开采工作面瓦斯涌出及瓦斯抽采参数优化[J].煤炭学报,2010,35(4):590-594.

[21] 胡国忠,王宏图,范晓刚,等.俯伪斜上保护层保护范围的瓦斯压力研究[J].中国矿业大学学报,2008,37(3):328-332.

[22] HU G Z,WANG H T,LI X H,et al. Numerical simulation of protection range in exploiting the upper protective layer with a bow pseudo-incline technique[J]. Mining science and technology (China),2009,19(1):58-64.

[23] 胡国忠,王宏图,李晓红,等.急倾斜俯伪斜上保护层开采的卸压瓦斯抽采优化设计[J].煤炭学报,2009,34(1):9-14.

[24] 胡国忠,王宏图,袁志刚.保护层开采保护范围的极限瓦斯压力判别准则[J].煤炭学报,2010,35(7):1131-1136.

[25] SUN P D. Numerical simulations for coupled rock deformation and gas leak flow in parallel coal seams[J]. Geotechnical and geological engineering,2004,22(1):1-17.

[26] KARACAN C Ö,RUIZ F A,COTÉ M,et al. Coal mine methane:a review

of capture and utilization practices with benefits to mining safety and to greenhouse gas reduction[J]. International journal of coal geology,2011,86(2-3):121-156.

[27] 高峰,许爱斌,周福宝.保护层开采过程中煤岩损伤与瓦斯渗透性的变化研究[J].煤炭学报,2011,36(12):1979-1984.

[28] 张拥军,于广明,路世豹,等.近距离上保护层开采瓦斯运移规律数值分析[J].岩土力学,2010,31(增刊1):398-404.

[29] 石必明,刘泽功.保护层开采上覆煤层变形特性数值模拟[J].煤炭学报,2008,33(1):17-22.

[30] 石必明,俞启香,王凯.远程保护层开采上覆煤层透气性动态演化规律试验研究[J].岩石力学与工程学报,2006,25(9):1917-1921.

[31] 王宏图,黄光利,袁志刚,等.急倾斜上保护层开采瓦斯越流固-气耦合模型及保护范围[J].岩土力学,2014,35(5):1377-1382.

[32] 刘海波,程远平,宋建成,等.极薄保护层钻采上覆煤层透气性变化及分布规律[J].煤炭学报,2010,35(3):411-416.

[33] 刘应科.远距离下保护层开采卸压特性及钻井抽采消突研究[D].徐州:中国矿业大学,2012.

[34] 李树刚,魏宗勇,潘红宇,等.上保护层开采相似模拟实验台的研发及应用[J].中国安全生产科学技术,2013,9(3):5-8.

[35] 盖迪.保护层采动影响下卸压瓦斯运移规律实验研究[D].阜新:辽宁工程技术大学,2011.

[36] 王维华.采动覆岩裂隙演化规律及渗透特性分析[D].阜新:辽宁工程技术大学,2012.

[37] QU Q D,XU J L,XUE S. Improving methane extraction ratio in highly gassy coal seam group by increasing longwall panel width[J]. Procedia earth and planetary science,2009,1(1):390-395.

[38] 涂敏,付宝杰.关键层结构对保护层卸压开采效应影响分析[J].采矿与安全工程学报,2011,28(4):536-541.

[39] 薛东杰,周宏伟,孔琳,等.采动条件下被保护层瓦斯卸压增透机理研究[J].岩土工程学报,2012,34(10):1910-1916.

[40] 王文,李化敏,高保彬,等.远距离保护层开采煤层渗透特性及瓦斯抽采技术研究[J].中国安全生产科学技术,2014,10(11):84-89.

[41] 王志强,周立林,月煜程,等.无煤柱开采保护层实现倾向连续、充分卸压的实验研究[J].采矿与安全工程学报,2014,31(3):424-429.

[42] 王志亮,杨仁树,张跃兵.保护层开采效果测评指标及应用研究[J].中国安全科学学报,2011,21(10):58-63.

[43] 斯列萨列夫.水体下安全采煤的条件[M]//冶金工业部鞍山黑色冶金矿山设计研究院.国外矿山防治水技术的发展和实践.[出版地不详:出版者不详],1983.

[44] 徐芝纶.弹性力学[M].北京:高等教育出版社,2016.

[45] 鲍莱茨基,胡戴克.矿山岩体力学[M].于振海,刘天泉,译.北京:煤炭工业出版社,1985.

[46] 张金才,刘天泉.论煤层底板采动裂隙带的深度及分布特征[J].煤炭学报,1990,15(2):46-55.

[47] 唐孟雄.采面底板应力计算及应用[J].湘潭矿业学院学报,1990(2):119-124.

[48] 刘天泉.矿山岩体采动影响与控制工程学及其应用[J].煤炭学报,1995,20(1):1-5.

[49] 张文泉,刘伟韬,王振安.煤矿底板突水灾害地下三维空间分布特征[J].中国地质灾害与防治学报,1997,8(1):39-45.

[50] 袁亮.松软低透煤层群瓦斯抽采理论与技术[M].北京:煤炭工业出版社,2004.

[51] 彭维红,董正筑,李顺才.半平面体弹性问题的边界积分公式及应用[J].中国矿业大学学报,2005,34(3):400-404.

[52] 施龙青,韩进.开采煤层底板"四带"划分理论与实践[J].中国矿业大学学报,2005,34(1):16-23.

[53] 朱术云,鞠远江,姜振泉."三软"煤层采动底板变形特征数值模拟与实测对比分析[J].湖南科技大学学报(自然科学版),2010,25(1):13-16.

[54] 朱术云,姜振泉,姚普,等.采场底板岩层应力的解析法计算及应用[J].采矿与安全工程学报,2007,24(2):191-194.

[55] 朱术云,姜振泉,侯宏亮.相对固定位置采动煤层底板应变的解析法及其应用[J].矿业安全与环保,2008,35(1):18-20.

[56] 朱术云,曹丁涛,岳尊彩,等.特厚煤层综放采动底板变形破坏规律的综合实测[J].岩土工程学报,2012,34(10):1931-1938.

[57] 虎维岳,尹尚先.采煤工作面底板突水灾害发生的采掘扰动力学机制[J].岩石力学与工程学报,2010,29(增刊1):3344-3349.

[58] 张华磊,王连国.采动底板附加应力计算及其应用研究[J].采矿与安全工程学报,2011,28(2):288-292.

[59] 孟召平,王保玉,徐良伟,等.煤炭开采对煤层底板变形破坏及渗透性的影响[J].煤田地质与勘探,2012,40(2):39-43.

[60] 王连国,韩猛,王占盛,等.采场底板应力分布与破坏规律研究[J].采矿与安全工程学报,2013,30(3):317-322.

[61] 冯强,蒋斌松.基于积分变换采场底板应力与变形解析计算[J].岩土力学,2015,36(12):3482-3488.

[62] 王作宇.底板零位破坏带最大深度的分析计算[J].煤炭科学技术,1992,20(2):2-6.

[63] 王作宇,刘鸿泉,王培彝,等.承压水上采煤学科理论与实践[J].煤炭学报,1994,19(1):40-48.

[64] 张学斌.近距离煤层群采动后底板应力分布及回采巷道布置方式研究[D].青岛:山东科技大学,2009.

[65] 孟祥瑞,徐铖辉,高召宁,等.采场底板应力分布及破坏机理[J].煤炭学报,2010,35(11):1832-1836.

[66] 于小鸽.采场损伤底板破坏深度研究[D].青岛:山东科技大学,2011.

[67] 袁本庆.近距离厚煤层采场底板岩体应力分布及采动裂隙演化规律研究[D].淮南:安徽理工大学,2012.

[68] 段宏飞.底板破坏深度六因素线性预测模型[J].岩土力学,2014,35(11):3323-3330.

[69] 张念超.多煤层煤柱底板应力分布规律及其应用[D].徐州:中国矿业大学,2016.

[70] 黎良杰.采场底板突水机理的研究[D].徐州:中国矿业大学,1995.

[71] 山东矿业学院.开亲矿务局甲改革采煤方法和开采工艺预防突水水害的研究[R].[出版地不详:出版者不详],1991.

[72] 黎良杰,钱鸣高,殷有泉.采场底板突水相似材料模拟研究[J].煤田地质与勘探,1997,25(1):33-36.

[73] 陈秦生,蔡元龙.用模式识别方法预测煤矿突水[J].煤炭学报,1990,15(4):63-68.

[74] 林峰.煤层底板应力分布的相似材料模拟分析[J].淮南矿业学院学报,1990(3):19-27.

[75] 弓培林,胡耀青,赵阳升,等.带压开采底板变形破坏规律的三维相似模拟研究[J].岩石力学与工程学报,2005,24(23):4396-4402.

[76] 胡耀青.带压开采岩体力水学理论与应用[D].太原:太原理工大学,2003.

[77] 肖远见,李美海,周定武.开采层底板岩层的应力分布实验及探讨[J].矿业

安全与环保,2005,32(5):28-31.

[78] 胡茂流.朱庄煤矿六煤层底板突水防治技术的研究[D].淮南:安徽理工大学,2005.

[79] 王吉松,关英斌,鲍尚信,等.相似材料模拟在研究煤层底板采动破坏规律中的应用[J].世界地质,2006,25(1):86-90.

[80] 李海梅,关英斌,杨大兵.邯邢地区煤层底板应力分布的相似材料模拟分析[J].矿业安全与环保,2007,34(6):24-26.

[81] 李江华,许延春,谢小锋,等.采高对煤层底板破坏深度的影响[J].煤炭学报,2015,40(增刊2):303-310.

[82] 于斌.大同矿区综采工作面上行开采技术实践[J].煤炭科学技术,2004,32(4):18-20.

[83] 童云飞,樊传兵.潘一矿下保护层开采效果探析[J].矿业安全与环保,2003,30(增刊1):34-36.

[84] 李应文,贾继宇.石嘴山矿区被保护厚煤层巷道布置研究[J].煤矿开采,2001,6(2):13-15.

[85] 汪理全,李中颃.煤层(群)上行开采技术[M].北京:煤炭工业出版社,1995.

[86] 韩万林,汪理全,周劲锋.平顶山四矿上行开采的观测与研究[J].煤炭学报,1998,23(3):267-270.

[87] 刘林.煤层群多重保护层开采防突技术的研究[J].矿业安全与环保,2001,28(5):1-4.

[88] 曲华,张殿振.深井难采煤层上行开采的数值模拟[J].矿山压力与顶板管理,2003(4):56-58.

[89] 涂敏,黄乃斌,刘宝安.远距离下保护层开采上覆煤岩体卸压效应研究[J].采矿与安全工程学报,2007,24(4):418-421.

[90] 刘三钧,林柏泉,高杰,等.远距离下保护层开采上覆煤岩裂隙变形相似模拟[J].采矿与安全工程学报,2011,28(1):51-55.

[91] 袁亮.低透高瓦斯煤层群安全开采关键技术研究[J].岩石力学与工程学报,2008,27(7):1370-1379.

[92] 袁亮.低透气煤层群首采关键层卸压开采采空侧瓦斯分布特征与抽采技术[J].煤炭学报,2008,33(12):1362-1367.

[93] 袁亮.深井巷道围岩控制理论及淮南矿区工程实践[M].北京:煤炭工业出版社,2006.

[94] CHEN H D,CHENG Y P,ZHOU H X,et al. Damage and permeability

development in coal during unloading[J]. Rock mechanics and rock engineering,2013,46(6):1377-1390.

[95] 杨大明,俞启香.缓倾斜下解放层开采后岩层地应力变化规律的研究[J].中国矿业学院学报,1988(1):32-38.

[96] 张宏伟,韩军,海立鑫,等.近距煤层群上行开采技术研究[J].采矿与安全工程学报,2013,30(1):63-67.

[97] 张宏伟,金宝圣,霍丙杰,等.长平矿下保护层开采上覆煤岩体卸压变形分析[J].辽宁工程技术大学学报(自然科学版),2016,35(3):225-230.

[98] 石必明,俞启香,周世宁.保护层开采远距离煤岩破裂变形数值模拟[J].中国矿业大学学报,2004,33(3):25-29.

[99] 刘海波.极薄保护层钻采上覆突出煤层变形与透气性分布规律及在卸压瓦斯抽采中的应用[D].徐州:中国矿业大学,2009.

[100] 范晓刚.急倾斜下保护层开采保护范围及影响因素研究[D].重庆:重庆大学,2010.

[101] 徐乃忠.低透气性富含瓦斯煤层群卸压开采机理及应用研究[D].北京:中国矿业大学(北京),2011.

[102] 薛东杰.不同开采条件下采动煤岩体瓦斯增透机理研究[D].北京:中国矿业大学(北京),2013.

[103] 谢小平.高瓦斯煤层群薄煤层上保护层开采卸压机理及应用研究[D].徐州:中国矿业大学,2014.

[104] 施峰,王宏图,舒才.间距对上保护层开采保护效果影响的相似模拟实验研究[J].中国安全生产科学技术,2017,13(12):138-144.

[105] 焦振华,陶广美,王浩,等.晋城矿区下保护层开采覆岩运移及裂隙演化规律研究[J].采矿与安全工程学报,2017,34(1):85-90.

[106] 朱威.软岩工作面开采引起上覆岩层移动变形规律研究[D].淮南:安徽理工大学,2017.

[107] 胡千庭.煤矿瓦斯抽采与瓦斯灾害防治[M].徐州:中国矿业大学出版社,2007.

[108] 于不凡.煤矿瓦斯灾害防治及利用技术手册:修订版[M].北京:煤炭工业出版社,2005.

[109] 俞启香.矿井瓦斯防治[M].徐州:中国矿业大学出版社,1992.

[110] 于不凡.开采解放层的认识与实践[M].北京:煤炭工业出版社,1986.

[111] 于学馥,张玉卓.采矿岩石力学新论[M].北京:知识出版社,1992.

[112] 李通林,谭学术,刘传伟.矿山岩石力学[M].重庆:重庆大学出版

社,1991.

[113] 梁运培,文光才.顶板岩层"三带"划分的综合分析法[J].煤炭科学技术, 2000,28(5):39-42.

[114] 程志恒.近距离煤层群保护层开采裂隙演化及渗流特征研究[D].北京:中 国矿业大学(北京),2015.

[115] 贾喜荣.矿山岩层力学[M].北京:煤炭工业出版社,1997.

[116] 王伟,程远平,袁亮,等.深部近距离上保护层底板裂隙演化及卸压瓦斯抽 采时效性[J].煤炭学报,2016,41(1):138-148.

[117] 杨科,谢广祥.深部长壁开采采动应力壳演化模型构建与分析[J].煤炭学 报,2010,35(7):1066-1071.

[118] 宋振骐,卢国志,夏洪春.一种计算采场支承压力分布的新算法[J].山东 科技大学学报(自然科学版),2006,25(1):1-4.

[119] 国家煤炭工业局.建筑物、水体、铁路及主要井巷煤柱留设与压煤开采规 程[M].北京:煤炭工业出版社,2000.

[120] 姜福兴,马其华.深部长壁工作面动态支承压力极值点的求解[J].煤炭学 报,2002,27(3):273-275.

[121] 麻凤海,范学理,王泳嘉.巨系统复合介质岩层移动模型及工程应用[J]. 岩石力学与工程学报,1997,16(6):536-543.

[122] 吴仁伦.煤层群开采瓦斯卸压抽采"三带"范围的理论研究[D].徐州:中国 矿业大学,2011.

[123] 侯忠杰.断裂带老顶的判别准则及在浅埋煤层中的应用[J].煤炭学报, 2003,28(1):8-12.

[124] 夏小刚.采动岩层与地表移动的"四带"模型研究[D].西安:西安科技大 学,2012.

[125] 王志强,李鹏飞,王磊,等.再论采场"三带"的划分方法及工程应用[J].煤 炭学报,2013,38(增刊2):287-293.

[126] 赵德深,朱广轶,刘文生,等.覆岩离层分布时空规律的实验研究[J].辽宁 工程技术大学学报(自然科学版),2002,21(1):4-7.

[127] 钱鸣高,石平五,许家林.矿山压力与岩层控制[M].2版.徐州:中国矿业 大学出版社,2010.

[128] 滕浩.覆岩隔离注浆充填压实区形成机制研究[D].徐州:中国矿业大 学,2017.

[129] 龙驭球.弹性地基梁的计算[M].北京:人民教育出版社,1981.

[130] 杨鹏飞.煤矿胶结充填开采覆岩移动及矿压显现规律研究[D].北京:中国

矿业大学(北京),2016.

[131] 陈杰,杜计平,张卫松,等.矸石充填采煤覆岩移动的弹性地基梁模型分析[J].中国矿业大学学报,2012,41(1):14-19.

[132] 华心祝,李迎富.沿空留巷底板变形力学分析及底臌防控[J].煤炭学报,2016,41(7):1624-1631.

[133] YAVUZ H. An estimation method for cover pressure re-establishment distance and pressure distribution in the goaf of longwall coal mines[J]. International journal of rock mechanics and mining sciences,2004,41(2):193-205.

[134] 苏承东,顾明,唐旭,等.煤层顶板破碎岩石压实特征的试验研究[J].岩石力学与工程学报,2012,31(1):18-26.

[135] 缪协兴,茅献彪,胡光伟,等.岩石(煤)的碎胀与压实特性研究[J].实验力学,1997,12(3):394-400.

[136] 马占国,郭广礼,陈荣华,等.饱和破碎岩石压实变形特性的试验研究[J].岩石力学与工程学报,2005,24(7):1139-1144.

[137] 白庆升,屠世浩,袁永,等.基于采空区压实理论的采动响应反演[J].中国矿业大学学报,2013,42(3):355-361.

[138] 许家林,王晓振,刘文涛,等.覆岩主关键层位置对导水裂隙带高度的影响[J].岩石力学与工程学报,2009,28(2):380-385.

[139] 许家林,朱卫兵,王晓振.基于关键层位置的导水裂隙带高度预计方法[J].煤炭学报,2012,37(5):762-769.

[140] PAPPAS D M,MARK C. Behavior of simulated longwall gob material[R]. Washington:United States Department of the Interior Bureau of Mines,1993.

[141] 靳钟铭,魏锦平,靳文学.放顶煤采场前支承压力分布特征[J].太原理工大学学报,2001,32(3):216-218.

[142] 王文学.采动裂隙岩体应力恢复及其渗透性演化[D].徐州:中国矿业大学,2014.

[143] BADR S A. Numerical analysis of coal yield pillars at deep longwall mine[D]. Golden:Colorado School of Mines,2003.

[144] 涂敏,缪协兴,黄乃斌.远程下保护层开采被保护煤层变形规律研究[J].采矿与安全工程学报,2006,23(3):253-257.

[145] 俞启香.矿井瓦斯防治[M].徐州:中国矿业大学出版社,1992.

[146] 吴仁伦,许家林,孔翔,等.长综放面采动上覆煤层的瓦斯卸压规律研究

[J].采矿与安全工程学报,2010,27(1):8-12.

[147] 李明好.下保护层开采卸压范围及卸压程度的研究[D].淮南:安徽理工大学,2005.

[148] 余国锋,薛俊华,袁瑞甫.远距离保护层开采卸压机理数值模拟分析[J].煤矿安全,2007,38(11):5-8.

[149] 屈庆栋.采动上覆瓦斯卸压运移的"三带"理论及其应用研究[D].徐州:中国矿业大学,2010.

[150] 于不凡.煤矿瓦斯灾害防治及利用技术手册[M].北京:煤炭工业出版社,2000.

[151] 于小鸽,施龙青,魏久传,等.采场底板"四带"划分理论在底板突水评价中的应用[J].山东科技大学学报(自然科学版),2006,25(4):14-17.

[152] 翟成.近距离煤层群采动裂隙场与瓦斯流动场耦合规律及防治技术研究[D].徐州:中国矿业大学,2008.

[153] 梁冰,石占山,姜福利,等.远距离薄煤上保护层开采方案保护有效性论证[J].中国安全科学学报,2015,25(4):17-22.

[154] 许家林,钱鸣高.覆岩关键层位置的判别方法[J].中国矿业大学学报,2000,29(5):21-25.